高效饲养新技术彩色图说系列
Gaoxiao siyang xinjishu caise tushuo xilie

图说如何安全高效饲养家兔

高晋生　主编

中国农业出版社

本书有关用药的声明

兽医科学是一门不断发展的学问。用药安全注意事项必须遵守，但随着最新研究及临床经验的发展，知识也不断更新，治疗方法及用药也必须或有必要做相应的调整。建议读者在使用每一种药物之前，参阅厂家提供的产品说明以确认推荐的药物用量、用药方法、用药的时间及禁忌等。医生有责任根据经验和对患病动物的了解决定用药量及选择最佳治疗方案。出版社和作者对任何在治疗中所发生的，对患病动物和/或财产所造成的损害不承担任何责任。

中国农业出版社

高效饲养新技术彩色图说系列

本书编委会

主　　编：高晋生

副 主 编：刘巧霞　任克良　张明忠　桑英智

编写人员：高晋生　刘巧霞　任克良　张明忠

　　　　　桑英智　任家玲　程俐芬

图片提供：任克良　高晋生

序

当前，制约我国现代畜牧业发展的瓶颈很多，尤其是2013年10月国务院发布《畜禽规模养殖污染防治条例》后，新常态下我国畜牧业发展的外部环境和内在因素都发生了深刻变化，正从规模速度型增长转向提质增效型集约增长，要准确把握畜牧业技术未来发展趋势，实现在新常态下畜牧业的稳定持续发展，就必须有科学知识的引领和指导，必须有具体技术的支撑和促动。

为更好地为发展适度规模的养殖业提供技术需要，应对养殖场（户）在饲养方式、品种结构、饲料原料上的多元需求，并尽快理解和掌握相关技术，我们组织兼具学术水平、实践能力和写作能力的有关技术人员共同编写了《高效饲养新技术彩色图说系列》丛书。这套丛书针对中小规模养殖场（户），每种书都以图片加文字流程表达的方式，具体介绍了在生产实际中成熟、实用的养殖技术，全面介绍各种动物在养殖过程中的饲养管理技术、饲草料配制技术、疫病防治技术、养殖场建设技术、产品加工技术、标准的制定及规范等内容。以期达到用简明通俗的形式，推广科学、高效和标准化养殖方式的目的，使规模养殖场（户）饲养人员对所介绍的技术看得懂、能复制、可推广。

《高效饲养新技术彩色图说系列》丛书既适用于中小规模养殖场（户）饲养人员使用，也可作为畜牧业从业人员上岗培训、转岗培训和农村劳动力转移就业培训的基本教材。希望这套丛书的出版，能对全国流转农村土地经营权、规范养殖业经营生产、提高畜牧业发展整体水平起到积极的作用。

丛书编委会

前言

随着社会的不断进步，人们的生活水平和消费观念也有了相应的提高和改变。兔肉和兔产品也越来越多地走入人们的餐桌和生活。就目前畜牧业发展的水平和形势来看，规模兔场的发展十分有限，产品数量和质量还很难满足人们的生活需要和市场需求，农户养殖在相当长的时间内还会占有一定的优势。但目前市场上针对初学养兔者和小规模养殖户的书还较少，特别是相对简单易懂、便于入门的图示书籍更少。我们希望用图片生动地介绍目前在养兔生产中推广应用的新技术和新科技，以进一步推广科学、高效、标准化的养殖方式，促进畜牧业的可持续发展。

在编写过程中，作者参阅和采纳了国内外大量科技文献资料。同时也得到许多养殖户和养殖场的大力支持和帮助，在此表示感谢。由于水平有限，不足之处敬请读者批评指正。

编著者

2014年10月

第一章　家兔品种

家兔的品种很多，世界上大约有60多个家兔品种和数百个家兔品系，在我国有20多个家兔品种。按经济用途可把家兔分为肉用、皮用、毛用和皮肉兼用四大类型。

一、肉用品种

（一）新西兰兔

原产于美国，是世界上最著名的中型肉用品种之一。毛色分为白色、红黄色和黑色，我国以饲养白色品种为多。

新西兰兔耳小直立，头圆额宽，齐嘴巴，肋腰丰满，后躯发育好，产肉率较其他品种高。成年体重4～5千克，每胎产仔7～9

图1-1　新西兰白兔

（任克良　摄）

只。早期生长快，适应性强，饲料消耗少，屠宰率高，肉质好。但对饲料条件要求较高（图1-1）。

（二）加利福尼亚兔

原产于美国，属中型肉用品种。被毛白色，耳、鼻、四肢及尾部黑褐色，被称为"八点黑"兔。红眼睛，颈短粗，耳朵小，后躯发育好。成年体重4～5千克，每胎产仔7～9只。早期生长快，饲料消耗少，繁殖力高，哺乳能力强，适应性好。该兔作母本与其他大型兔杂交，可显著提高子代繁殖力（图1-2）。

图1-2　加利福尼亚兔（任克良　摄）

（三）德国花巨兔

俗称"熊猫兔"，原产于德国，属大型肉用品种。体躯较长，呈弓形，毛色为白底黑花，背部有一条黑色背线，体侧有对称的蝶状黑色斑块，毛色美观大方；黑嘴环，黑眼圈。繁殖力高，抗病力强。成年体重5～6千克，产仔数不稳定，母性较差。

（四）弗郎德巨兔

原产于比利时，属大型肉用品种，过去我国多将该品种误称为比利时兔。体形、四肢均较长，后躯较高，头似马头。被毛深栗色带有黄褐、深褐或浅褐色，耳尖部带有光亮的黑色毛边，尾部内侧为黑色。肌肉丰满，体质健壮，生长快，适应性强。母兔泌乳力高，每胎产仔7～9只。成年体重5.5～6千克。以该品种作为父本与其他品种杂交，杂种优势明显（图1-3）。

图1-3　弗郎德巨兔

（任克良　摄）

（五）公羊兔

又称垂耳兔，因其耳大下垂，头似公羊故此得名，属大型肉用品种。我国以引入法系公羊兔为主，被毛有白色、深棕色。成年体重5～8千克，每胎产仔5～8只。抗病力强，耐粗饲，性情温驯，不爱活动。但母兔受胎率低，哺乳能力差，不适于规模生产（图1-4）。

图1-4　白色公羊兔

（六）虎皮黄兔

又称太行山兔，产于我国河北省，属大型肉用品种。被毛虎黄色，头部黄黑混杂，腹部、尾底呈灰白色，尾尖、耳边、眼圈有黑色线条。头小嘴尖，眼球大而外突，耳小直立，颈细长，背腰平直，后躯发育良好，四肢粗壮。成年体重4～6.5千克。繁殖力高，适应性强，每胎产仔7～9只。

（七）齐卡兔

德国育成，配套系由3个白色品种（品系）组成，C系成年体重6～7千克，N系成年体重4～5千克，Z系成年体重3～4千克。一般饲养条件下，商品代日增重32克以上，90日龄达2.58千克，料重比3:1，平均每胎产仔7.8只，屠宰率51%～52%（图1-5）。

图1-5A　齐卡C系

图1-5B　齐卡N系

图1-5C　齐卡Z系

（八）布列塔尼亚兔（艾哥）

法国育成，由A、B、C、D四系组合，被毛白色，父母代父系（AB合成）成年体重5.5千克，性成熟期6～7月龄；父母代母系（CD合成）成年体重4～5千克，性成熟期3月龄，每胎产仔9～11只（图1-6）。

图1-6A　艾哥GP111

图1-6B　艾哥GP121

图1-6C　艾哥GP122

图1-6D　艾哥GP172

（九）伊普吕兔

法国育成，该配套系属多品种（品系）杂交配套模式。毛色有白色和加利福尼亚色。头清秀，耳大直立，体躯较长，四肢发达。生长快，性成熟早，繁殖力强，屠宰率高。每胎产仔9～10只，70日龄平均体重2.34千克，屠宰率58%～59%。

二、皮用品种

我国目前饲养的皮用兔主要是力克斯兔，原产于法国，在我国俗称獭兔。我国先后从美国、德国和法国等国引进，由于各国育种目的和方法不同，培育的品系各具特色。

（一）原美系獭兔

原产于美国。头小嘴尖，眼大而圆，耳中等直立，转动灵活，颈部稍长，肉髯明显，胸部较窄，腹部发达，背腰略呈弓形，臀部较发达，肌肉丰满。成年体重3.0～3.5千克。繁殖力较强，每胎产仔6～8只，仔兔初生重40～50克。母性好，泌乳力强，40日龄断奶个体重400～500克，5～6月龄体重达2.5千克。毛皮质量好，表现为密度大、粗毛率低、平整度好。繁殖力较强，适应性好，易饲养。但体型偏小，品种退化较严重（图1-7）。

图1-7　原美系獭兔

（任克良　摄）

（二）新美系獭兔

2002年山西从美国引进，主要有白色、加利福尼亚（八点黑）等色型。白色獭兔头大粗壮，耳长9.67厘米，耳宽6.5厘米。胸宽深，背宽平，俯视兔体呈长方形。成年体重公兔3.8千克，母兔3.9千克。被毛密度大，毛长平均2.1厘米（1.7～2.2），平整度极好，粗毛率低。胎产仔数6.6只。加利福尼亚色型獭兔，头大、较粗壮，耳长9.43厘米，耳宽6.5厘米。成年体重公兔3.8千克，母兔3.9千克。被毛密度大，毛长平均2.07厘米（1.6～2.2），平整度极好，粗毛率低。窝产仔数8.3只。该批獭兔与我国饲养的原美系獭兔相比具有体型大，胸宽深，前后发育一致，被毛长，密度大，粗毛率低等特点（图1-8）。

图1-8　新美系白色獭兔

（三）德系獭兔

1997年北京从德国引进，体大粗重，头方嘴圆，公兔更加明显。生长速度快，被毛密度大、平整、弹性好。成年体重4.5～5千克。适应性、繁殖力不及美系獭兔（图1-9）。

图1-9　德系獭兔

（任克良　摄）

（四）法系獭兔

1998年山东从法国引进，体型较大，胸宽深，背宽平，四肢粗壮，头圆颈粗，嘴巴呈钝形，耳朵短而厚，呈V形上举。眉须弯曲。被毛浓密、平整度好、粗毛率低，毛纤维长1.55～1.9厘米，色型以白、黑、蓝为主，毛皮质量较好。成年体重4.5千克。年产4～6窝，窝产仔数7.16只。对饲料营养要求高，不适于粗放饲养管理（图1-10）。

法系白色獭兔

图1-10　法系獭兔

（沈培军　摄）

（五）吉戎兔

我国原解放军军需大学育成。全白色型较大，"八黑"色型较小。被毛洁白、平整、光亮。体型中等、结构匀称，耳较长而直立，背腰长，四肢坚实、粗壮，脚底毛粗长而浓密。成年体重3.5～3.7千克，窝产仔数6.9～7.22只，初生窝重351.23～368克，初生

图1-11　海狸色獭兔

（任克良摄于山西省院畜牧所实验兔场）

个体重51.72～52.9克，泌乳力约1 890克，断乳成活率94.5%～95.1%。群体有待扩大（图1-11）。

三、毛用品种

（一）法系长毛兔

原产于法国，被毛纯白。耳大、无长毛，被称为"光板"，是区别于英系、中系长毛兔的主要特征。额毛、腮毛、脚毛均短少。适应性好，抗病力强，耐粗饲。成年体重3～4千克。年产毛量450～550克，特级毛占70%左右，粗毛含量高，不易结毡。繁殖性能好，每胎产仔6～8只（图1-12）。

图1-12　法系长毛兔

（二）德系长毛兔

德国育成，是世界上著名的毛用兔品系，产毛量高，毛绒品质好。被毛纯白，密度大，结毡率低，年产毛量750～1 000克，高者可达1 300克，特级、一级毛占70%左右，两型毛甚少。额颊部一撮毛居多，耳部一撮毛、全耳毛均有。成年体重

图1-13　德系长毛兔

（任克良　摄）

3.3～4千克，每胎产仔6～8只。母性较差，抗病力较弱（图1-13）。

（三）高产长毛兔

高产型长毛兔是由浙江、上海一带用经过选育的本地大型长毛兔与

德系安哥拉兔进行杂交选育而成。体大身长，四肢发达，背宽胸深。成年体重公兔5千克，母兔5.3千克。年产毛量公兔1 900克，母兔2 200克。高产长毛兔繁殖性能良好，窝平均产仔7只。适应性及抗病力较强。缺点是体型、外貌不太一致（图1-14）。

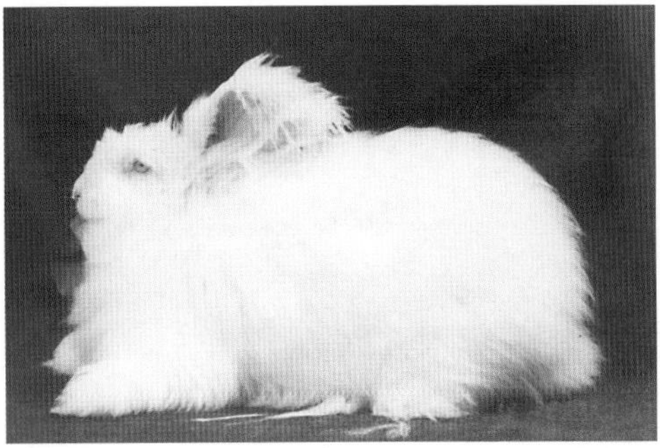

图1-14　高产长毛兔

（任克良　摄）

四、皮肉兼用品种

（一）日本大耳白兔

又称大白兔，原产于日本，属中型皮肉兼用品种，又是理想的实验用兔。被毛紧密，毛色纯白，红眼，耳大、形似柳叶，母兔下颌有肉髯。成年体重4～5千克，每胎产仔5～9只。成熟早，生长快，繁殖力高，适应性强（图1-15）。

图1-15　日本大耳白兔

（任克良　摄）

（二）青紫蓝兔

原产于法国，因其毛被颜色与南美洲的一种珍贵毛皮兽青紫蓝绒鼠很相似而得此名。该兔结构匀称，体质健壮，头长，嘴圆，颈细而短；耳中等大、直立，稍向两侧倾斜；眼圆大，呈茶褐色或蓝色；整个毛被呈灰蓝色，其绒毛基部为瓦蓝色、中部灰色、尖端黑色，并夹杂有全黑的粗毛，吹开毛被时，可呈现出彩色轮状漩涡，体侧、胸部呈淡灰色，下腹部及尾的下部呈白色。

青紫蓝兔适应性好、耐粗饲，成年体重标准型2.5～3.6千克，美国型4.1～5.4千克，巨型5.4～7.3千克。繁殖力强，窝产仔数6～8只（图1-16）。

（三）塞北兔

由张家口农业专科学校育成，属大型皮肉兼用品种。毛色为黄褐色、白色和黄色，分为两耳下垂、一耳直立一耳下垂和两耳直立三种类型。成年体重5～6千克，每胎产仔7～8只，繁殖力高，适应性好，耐粗饲（图1-17）。

（四）哈尔滨大白兔

由哈尔滨兽医研究所育成，属大型皮肉兼用品种，毛色纯白。成年体重6～10千克，每胎产仔7～9只。繁殖力高，适应性强，耐粗饲（图1-18）。

图1-16 青紫蓝兔

（任克良 摄）

图1-17 黄褐色塞北兔

（杨正 摄）

图1-18 哈尔滨大白兔

第二章 兔舍建筑与环境控制

良好的兔舍和完善的设备，是养好家兔的基础，其与饲养管理、疾病预防和劳动生产率的提高等密切相关。

一、兔场内建筑物的布局

1.生产区 包括兔舍、饲料间、更衣室、消毒池、送料道、排水道等建筑物（图2-1至图2-5）。

图2-1 兔舍外观（高晋生 摄）

图2-2 饲料间
（高晋生 摄）

图2-3 消毒室
（高晋生 摄）

图2-4　兔舍内部
（高晋生　摄）

图2-5　排粪沟
（高晋生　摄）

兔舍间应保持10～20米的间距。在间隔地带栽植树木、牧草或藤类植物等（图2-6）。生产区应与行政区域隔开，建2米高围墙，并设门卫，严防闲杂人员出入。

图2-6　隔离带（高晋生　摄）

2.行政区　包括办公室、宿舍、会议室、食堂、仓库、门房、车库、厕所等（图2-7、图2-8）。饲料加工由于噪声大，且与外界接触较多，应设在该区一角，远离兔舍。

图2-7　办公区
（高晋生　摄）

图2-8　宿舍
（高晋生　摄）

3.**粪便尸体处理区** 包括粪便堆放处、污水渗水井，与生产区应有一定距离，并铺设有粪便运输道与外界相连。一般安置在下风向、地势较低的地方。兽医诊疗室也应设在这一区域（图2-9）。

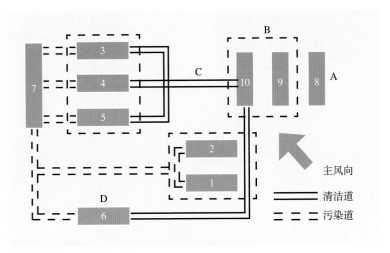

图2-9　兔场布局示意图

A.生活福利区　B.辅助生产区　C.繁殖肥育区　D.兽医隔离区

1、2.核心种群车间　3、4、5.繁殖肥育车间　6.兽医隔离间　7.粪便处理场
8.生活福利区　9、10.办公管理区

二、兔舍建筑的基本要求

1.**基本要求** 建筑兔舍要就地取材，经济实用。兔舍要能防雨、防风、防寒、防暑和防鼠等，要求干燥、通风良好、光线充足，冬季易于保温，夏季易于通风降温（图2-10至图2-12）。

图2-10　兔舍　（高晋生　摄）

图2-11　光　线
（高晋生　摄）

图2-12　保　温
（高晋生　摄）

2.朝向　兔舍应坐北朝南或偏南向。

3.地面　兔舍地面应致密、坚实、平坦、防潮、保温、不透水、易清扫，抗各种消毒剂侵蚀，一般用水泥地或防滑瓷砖。粪沟用水泥或瓷砖砌成。出粪口一般设在兔舍两端或中央（兔舍较长者）。舍内地面应高于舍外地面20～25厘米（图2-13）。

4.墙壁　兔舍墙壁应坚固、抗震、抗冻，具有良好的保温和隔热性能。多用砖或石砌成，以空心墙最好。距离地面1.5米以下的墙体表面应用水泥抹平，以利消毒（图2-14）。

图2-13　兔舍地面
（高晋生　摄）

图2-14　兔舍外墙
（高晋生　摄）

5.门窗　舍门一般宽1米、高1.8～2.2米。窗户大小应为地面面积的15%，窗台高度以0.7～1米为宜。兔舍门、窗上应安装铁丝网（夏季要装纱窗），以防蚊蝇和害兽入内。

6.屋顶　要求完全不透水、隔热，可采用水泥制件、瓦片等（图2-15）。为保证通风换气，可在舍顶上均匀设置排气孔。兔舍内高以2.5～3.5米为宜。

7.容量 大、中型兔场，每栋兔舍以饲养成年兔100 ～ 200只或商品兔400 ～ 500只为宜（图2-16）。这样有利于防疫和饲养员定额管理。

图2-15 舍 顶
（高晋生 摄）

图2-16 容 量
（高晋生 摄）

三、兔舍建筑样式

兔舍建筑样式很多，各有特色。在农村，可因地制宜，修筑不同式样的兔舍，也可利用闲置的房舍饲养家兔。规模化养兔场，一般都要修建规格较高的室内笼养式兔舍。

1.开放式兔舍 这种兔舍无墙壁或只有山墙，屋顶以双坡式为好。兔笼安放在舍内两侧，中间为走道。适用于南方地区（图2-17）。

2.半开放式兔舍 这种兔舍内的小气候依靠门、窗和天窗进行自然调节。兔舍四周有墙，兔笼既可安置在两边的墙上，也可放置于舍内。列数有单排、双排、4排、6排等。目前国内大多养兔场均采用这种兔舍（图2-18）。

图2-17 开放式兔舍（任克良 摄）

图2-18 半开放式兔舍（任克良 摄）

3.封闭式兔舍　国外和国内的
大型兔场采用这种兔舍。兔舍四周
是封闭的，舍内小气候完全靠特殊
装置自动调节。这种兔舍能获得高
而稳定的饲料利用率和优质兔产
品，能防止各种疾病的传播。但封
闭式兔舍造价高，日常消耗大（图
2-19）。

图2-19　封闭式兔舍（任克良　摄）

四、兔舍设备及用具

（一）兔笼

1.兔笼构造

（1）**大小**　应根据家兔类型、品种、生理阶段而定。毛兔略大，獭兔较小，大型肉兔适当大一些。一般笼长为兔体长的1.5～2倍，宽（深）为兔体长的1～1.5倍，高为兔体长的0.8～1.2倍（图2-20）。

兔笼大小还应考虑：①开放式兔舍的兔笼宽度应深些；②兔笼较高或层数较多，深度应浅些，以便于饲养管理；③产箱外挂式兔笼面积稍小。

（2）**高度**　兔笼以2～3层为宜，总高度一般2米左右（图2-21）。

图2-20　兔笼　（高晋生　摄）

图2-21　兔笼高度（高晋生　摄）

（3）**笼壁**　固定式兔笼多用砖和水泥板砌成，移动式兔笼多用冷拔丝网、铁丝网、冲眼铁皮、竹板条等制作。笼壁要平滑，网孔大小要适中。网孔过大，仔兔、幼兔易跑出或窜笼（图2-22）。

（4）**笼门**　一般安装在笼前，单屋笼也可安在笼顶。可用铁丝网、冲眼铁皮、竹板条等制作。笼门以（40～50）厘米×35厘米为宜。笼门框架要平滑，以免划伤兔体（图2-23）。

图2-22　兔笼笼壁　（高晋生　摄）

图2-23　笼　门　（高晋生　摄）

（5）**笼底板**　一般用竹板条制作，竹板宽2～5厘米，间距1～1.2厘米，厚度适中。要求既可漏粪，又能避免夹住兔脚。竹板表面无毛刺，间隙前后均匀一致，固定竹板条的铁钉不要突出于外。底板以活动式为佳。竹板条（又称竹片）走向应与笼门相垂直，以免引起兔八字腿。若用网状底板，网眼尺寸为1.9厘米×1.9厘米（图2-24）。

（6）**承粪板及笼顶**　承粪板可用塑料板、铁皮或玻璃。砖砌兔笼多用水泥板、石板作承粪板。宽度应大于兔笼，前伸3～5厘米，后延5～10厘米，前高后低，倾斜10°～15°，以便粪尿直接流入粪沟。多层兔笼上层承粪就是下层的笼顶（图2-25）。室外兔笼最上层要求厚一些，前伸后延更长一些，以防雨水飘落笼内或淋湿饲草。

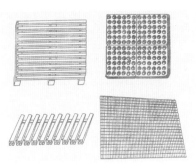

图2-24　笼底板　（任克良　摄）

图2-25　承粪板　（高晋生　摄）

（7）**支架**　移动式兔笼均需一定材料为骨架。骨架可用角铁（35毫米×35毫米）、竹竿、硬木制作，底层兔笼应离地30厘米左右，笼间距（笼底板与承粪板之间距离）前面5～10厘米，后面20厘米。

2.**兔笼摆放形式**　兔笼按层数可分为单层、双层和多层，按排列方式可分为重叠式、阶梯式和半阶梯式等。

（1）**活动式兔笼**　目前室内养兔多采用这种兔笼。用木、竹或角铁做成架，四周用铁丝网、冲眼铁皮或竹片做成。笼底板用竹板做成，承粪板用铁皮、塑料板或石棉瓦做成。

（2）**固定式三层兔笼**　这是一种适于养兔户使用的兔笼，特点是投资小，空间利用率高（图2-26）。按放置位置不同可分为室内和室外两种。

1）室内固定式三层兔笼　兔笼的前后面为门或窗，通风透光性好，草架、饲槽（食盆）可安装在笼门上。笼底板可抽出装入。笼壁由单砖或水泥板砌成。

2）室外固定式三层兔笼　兔笼的门、窗要稍小

图2-26　固定式三层兔笼　（高晋生　摄）

一些。在两笼之间的墙壁上安装镶嵌式草架，供两侧家兔采食。两笼之间设两个半间产仔室，供母兔产仔、哺乳（图2-27、图2-28）。

图2-27　草　架　（高晋生　摄）

图2-28　饲　槽　（高晋生　摄）

3.兔笼的放置

（1）平台式 一层笼放在离地面30厘米左右的垫物上，或放在离粪沟70厘米高的架子上（图2-29）。这种方法便于管理，利于通风。缺点是饲养密度低，不能有效利用空间。

图2-29 平台式兔笼

（2）阶梯式 将兔笼放置在互不重叠的几个水平层上。优点是通风良好，饲养密度略高于平台式（图2-30）。缺点是上层笼操作不便，粪尿处理困难。

（3）组合式 兔笼重叠地放在一个垂直面上，可以叠放2～3层。根据多列重叠兔笼的放置方向不同分为面对面式和背对背式（图2-31）。

图2-30 阶梯式兔笼（娄志荣 摄）

图2-31 组合式兔笼（背对背）

（任克良 摄）

（二）兔笼附属设备

1.草架 为了避免饲草污染，兔笼或运动场应安置草架。可用铁丝、木条、竹片做成V字形。草架的间隙要适当，过小家兔采食困难，过大会漏草，且仔兔易跑出。一般靠兔笼一面网格较宽（4～5厘米），两侧和外侧面网格距离较密（2～3厘米）。挂在笼门上的草架，长25～33厘米，上宽15厘米，高20～25厘米。草架上应安装顶盖，以防仔兔跑出。也可采用相邻两笼间从顶到底呈V形时，前面开以15厘米×15厘米加草口，这种草架可减少加草次数，又可充分利用空间，剩草直接落入承粪板上（图2-32）。

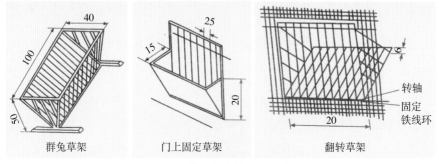

群兔草架　　门上固定草架　　翻转草架

图2-32　草架（单位：厘米）

2.饲槽　有多种形式。可用大竹筒劈成两半，除去中节隔片，两边各用一块长方形木块固定，使之不易翻倒。竹片食槽口径为10厘米，高6厘米，长一般为30厘米。也可专门定制底大、口小、笨重且不易翻倒的瓷盆，还可用镀锡铁皮（俗称马口铁）制作（图2-33、图2-34）。这种饲槽可降低饲料抛撒量，粉料、污物可及时倒出。

图2-33　各式料盒　（任克良　摄）

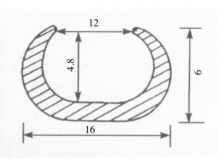

图2-34　大肚饲槽（单位：厘米）　（谷子林　摄）

3.饮水器 小型或家庭兔场可用广口罐头瓶等饮水。此法方便、经济，但易被粪尿、饲草、灰尘、兔毛污染，加之兔喜啃咬，极易弄翻容器，影响饮水。此种饮水容器必须定期清洗消毒，频繁添水，较为费工。

规模兔场用自动饮水系统供水。特点是能不断供给清洁的饮水，省工，但对水质要求高。主要由过滤器、自动水嘴、三通、输水管、弹簧等组成。使用自动饮水器应注意以下几点。

（1）水箱应置于兔笼顶网上方20～30厘米处，水箱过高，下层水压太大。箱内装自动上水装置（图2-35）。

（2）水箱出水口应安在水箱底的上方5厘米处，以防沉淀杂质直接进入饮水器。箱底设排水管，以便定期清洗、排污。

（3）水箱应设活动箱盖。

图2-35 水 箱 （高晋生 摄）

（4）供水管必须使用颜色较深（如黑色、黄色）的塑料管或普通橡皮管，应定期清除管内苔藓，以防滋生苔藓堵住水管（图2-36）。

（5）供水管与笼壁要有一定距离，以防家兔咬破水管（图2-37）。

图2-36 供水管 （高晋生 摄）

图2-37 水管与笼壁距离
（高晋生 摄）

（6）发现饮水器乳头滴漏时，用手反复压活塞乳头，以检查弹簧弹性、橡皮垫是否破损、凸凹不平。对无法修复的应立即更换。

（7）饮水器乳头应安在距离笼底8～10厘米、靠近笼角处，以保证大小兔均能饮用，并防止触碰滴漏（图2-38）。

图2-38　兔用饮水器

4.产箱　产箱是母兔分娩、哺乳、仔兔出窝前后的生活场所，其制作的好坏对哺乳仔兔的成活有直接影响。

制作产箱的材料应能保温、耐腐蚀、防潮湿。目前多用木板、塑料或铁片制作。若用木板制作，木板厚1～1.5厘米、产箱长35厘米、宽30厘米、高28厘米，在距箱底12厘米以上处凿一直径10厘米左右的圆孔（图

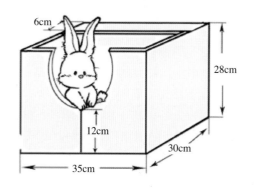

图2-39　月牙式产箱　（张立勇　摄）

2-39）。若用铁片制作，内壁、底板应垫上保温性能好的纤维板或木板。产箱内、外壁要平滑，以防母兔、仔兔出入时擦伤皮肤。产箱底面可粗糙一些，使仔兔走动时不致滑脚。

五、兔舍环境调控技术

兔舍环境条件（如温度、湿度、有害气体、光照、噪声等）是影响家兔生产性能和健康水平的重要因素之一。对兔舍环境因素进行人为调控，创造适合家兔生长、繁殖的良好环境条件，是提高家兔养殖经济效益的重要手段之一。

（一）温度的调控

不同日龄、不同生理阶段的家兔对环境温度的要求各异，如初生仔兔为30～32℃，1～4周龄兔为20～30℃，生长兔为15～25℃，成年兔为15～20℃。成年兔耐受低、高温的极限是－5℃和30℃。环境温度过高或过低，家兔会通过机体物理和化学方法调节体温，消耗大量营养物质，从而降低生产性能。生长兔表现为生长速度下降，料肉比升高。温度过高，公兔性欲减退，母兔出现"夏季不孕现象"，也易发生中暑和诱发妊娠毒血症等疾病。

1.兔舍的人工增温 寒冷地区为了做好家兔冬季繁殖，提高兔群生产水平，应给兔舍进行人工增温。

（1）集中供热 可采取锅炉或空气预热装置等集中产热，再通过管道将热水、蒸汽或热空气送往兔舍。

（2）局部供热 在兔舍中单独安装供热设备，如火炉、火墙、电热器、保温伞、散热板、红外线灯等。用电褥子垫放在产箱下增温，能使家兔的冬繁成活率明显提高。此外，适当提高舍内饲养密度也可提高舍温。有的兔场设立单独的供暖育仔间、产房等，也是经济而有效的方式之一。农村可修建塑料大棚兔舍以减少寒冷季节取暖费用。

2.兔舍的散热与降温 夏季温度过高时，可通过舍前种植树木、攀缘植物，搭建遮阳网、窗外设挡阳板、挂窗帘，防止日光直射。室内安装电风扇等通风设备，加强通风，加大空气流动量，驱散舍内产生和积累的热量，帮助兔体散热。也可用地下水或经冷却的水喷洒地面，笼内放置湿砖，有条件的可安装湿帘（图2-40）。降低舍内饲养密度，日粮中添加维生素C 200毫克/千克，可减少热应激。条件好的兔场可采用空调来调节环境温度。

图2-40 湿 帘 （任克良 摄）

（二）通风

调控舍内有害气体的关键措施是减少有害气体的生成量和加强通风。通风有自然通风和动力通风两种，自然通风是利用门、窗（天窗）让空气自然流动，将舍内有害气体排到舍外，适宜于跨度小、密度和饲养量小的兔舍。动力通风是利用动力，通过正、负压方式将舍内污浊空气排到舍外，适于跨度大、饲养密度大的兔舍（图2-41）。要注意进出风口位置、大小，防止形成"穿堂风"。进出风口要安装网罩，防止害兽、蚊蝇等进入。

图2-41　换气扇　　（任克良　摄）

（三）湿度的调控

家兔舍内相对湿度以60%～65%为宜，一般不应低于55%或高于70%。将多余湿气排出舍外的有效途径是加强通风，降低舍内饲养密度，增加粪尿清除次数，粪沟撒布一些吸附剂，如石灰、草木灰等，这些均可降低舍内湿度。冬季舍内供暖可缓解高湿度对兔体的不良影响。

（四）光照

目前有关光照对家兔影响的研究较少。据法国国家农业科学院研究表明，兔舍内每天光照14～16小时，光照强度20～30勒克斯，有利于繁殖母兔正常发情、妊娠和分娩。公兔喜欢较短的光照时间，一般需要12～14小时，持续光照超过16小时，将引起公兔睾丸重量减轻和精子数减少，影响配种能力。育肥兔以每天8小时光照为宜。另据报道，短光照有利于獭兔皮质量的提高。生产中补充光照多采用白炽灯或日光灯，但以白炽灯供光为好。普通兔舍多依靠门窗采光，一般不再补充光照。

（五）噪声的调控

家兔胆小怕惊，突然的噪声可引起一系列不良反应和严重后果。修建兔场时，场址一定要选在远离公路、工矿企业等的地方；饲料加工车间也应远离生产区；选择换气扇时，噪声不宜太大；饲养人员日常操作时，动作要轻、稳，避免引起刺耳或突然的响声；禁止在兔舍周围燃放鞭炮。

第三章　家兔的饲养管理

一、家兔的生物学特性

（一）生活习性

1.昼伏夜行　家兔白天安静好睡，夜间活动，频频采食，饲喂时要多在夜间添加饲料（图3-1）。

2.听觉灵敏，胆小怕惊　当家兔受到惊吓时，会在笼内乱蹦瞎撞，造成严重后果。繁殖母兔会发生流产，停止产仔、哺乳或踏仔，甚至食仔等。因此，要保持安静的饲养环境，还要防止其他动物进入兔舍（图3-2）。

图3-1　安静好睡　（高晋生　摄）

图3-2　胆小怕惊　（高晋生　摄）

3.爱干燥，怕潮湿，喜清洁，厌污秽　饲养环境要清洁、干燥、通风透光，饲具、饲料、饮水都要清洁卫生（图3-3）。兔舍相对湿度掌握在60%～65%。

4.耐寒怕热 家兔汗腺很少，主要是通过呼吸散热，适宜的环境温度为15～25℃，临界温度5℃以下或30℃以上，高于30℃或低于5℃都会影响到家兔的生长和繁殖，初生仔兔较适宜的环境温度为30～32℃。日常管理要做好夏季防暑、冬季防寒工作（图3-4）。

图3-3 喜清洁 （高晋生 摄）

图3-4 耐寒怕热 （高晋生 摄）

5.群居性差 家兔同性好斗，性喜穴居（图3-5）。对3月龄以上的兔要进行单笼或分群管理，防止咬斗。笼舍建造要注意墙壁与地面的坚固性，以避免兔打洞。

图3-5 喜独居（高晋生 摄）

（二）采食特性

1.草食性 家兔属单胃草食小动物，有较发达的盲肠，能利用大量饲草，特别是对低质饲草中蛋白质的转化利用能力很强（图3-6）。如果日粮中精料比例过高，会引发腹泻而死亡。

2.啃食性 由于家兔门牙不断生长，习惯啃咬硬物，有利于门牙磨损（图3-7）。建造笼舍要注意材料的选择，注意经常检查饲料的硬度。

3.选择性 家兔喜欢采食多叶多汁而带甜味的饲料，生产中要注意此类饲料的供给（图3-8）。

4.**食粪性** 健康家兔从开食起就具有食软粪行为，通常是从肛门直接食入，为正常的生理现象，若家兔停止食粪可能患有疾病（图3-9）。

图3-6 草食性 （高晋生 摄）

图3-7 啃食性 （高晋生 摄）

图3-8 选择性 （高晋生 摄）

图3-9 食粪性 （任克良 摄）

（三）生理特性

1.**呼吸** 成年兔20～40次/分，幼兔40～60次/分。
2.**脉搏** 成年兔80～100次/分，幼兔100～160次/分。
3.**体温** 家兔正常体温为38.5～39.5℃。

（四）繁殖特性

1.**繁殖力强** 家兔属多胎多产动物，每胎产仔多（5～12只）、孕期短（29～31天）、性成熟早（3月龄），繁殖不受季节的限制，一年四季均可繁殖（图3-10）。

图3-10 繁殖性 （高晋生 摄）

2.刺激性排卵 家兔没有明显的性周期活动，一般8～15天发情一次，持续3～6天。卵泡成熟后不能自动排出，只有经过交配刺激或药物促排后，隔一定时间（8～12小时）才能排卵。因此，在生产实践中多采用复配方法，可以获得较高的配种受胎率。

3.双子宫 家兔属于双子宫动物，两个子宫颈共同开口于阴道，受精卵不会出现由一个子宫角向另一个子宫角移行的情况（图3-11）。

4.卵子较大 在已知的哺乳动物中，家兔的卵子最大，直径约为160微米，是许多科学研究的好材料。

图3-11 双子宫

（任克良 摄）

（五）生长特性

仔兔初生重50～60克，1周龄体重增加1倍，4周龄体重增加10倍，性成熟前生长最快，3月龄出栏体重可达2.5～3.0千克（图3-12、图3-13）。

图3-12 12日龄兔 （高晋生 摄）

图3-13 三月龄兔 （高晋生 摄）

二、家兔饲养管理的一般原则

从家兔生物学特性和经济效益两方面考虑，在饲养管理上应掌握以下原则。

（1）以青粗饲料为主，适当搭配精料，饲料品种要多样化。

（2）饲喂要定时，饲料要定量，增加夜草更重要。根据不同季节、不同年龄、不同生理阶段供给饲料，青粗饲料每天喂3次，精料2次，添足夜草。

（3）注意饲料品质，认真进行调制。禁喂霉烂变质、冰冻、有毒饲料，做到洗净、切细、煮熟、调匀、晾干，以提高适口性，促进消化，减少疾病。

（4）改变饲料品种和饲料类型要逐步进行，使家兔有一个适应过程。饲料要相对稳定，夏季以青饲料为主，冬季以干草和多汁饲料为主。

（5）满足供水。兔笼内放置水盆或安装饮水器，保证不断。

（6）搞好卫生，保持干燥，减少疾病。家兔体小力弱，抗病力较差。因此，笼舍内必须保持清洁干燥、通风透光。每天必须打扫兔舍、兔笼，清除粪便，洗刷饲具。要定期消毒，注意灭鼠。

（7）保持安静，防止骚扰，严禁其他动物进入兔舍。特别是怀孕和正在分娩的母兔，突然受到惊吓可能会出现流产、停止分娩或发生食仔现象。

（8）夏季防暑，雨天防潮，冬季防寒，确保家兔正常的生长和繁殖。

（9）单笼饲养，分群管理。用作繁殖生产的公、母兔必须单笼饲养，商品生产有条件的可笼养或分群管理。

三、家兔的一般管理技术

（一）捉兔方法

正确的捉兔方法有3种。

（1）用一只手抓住兔颈后部皮，轻轻提起，另一只手托住兔的臀部或小腹。

（2）用一只手将兔颈皮连同两耳一起抓住，另一只手托住臀部或小腹，重心要落在托手上（图3-14）。

（3）群养或运动场上捉兔时，应使用特制的捉兔网捕捉。

图3-14 正确的抓兔方法 （任克良 摄）

（二）性别鉴定

初生仔兔可观察阴部孔洞形状及离肛门的距离。孔洞扁形，大小与肛门相同，距离肛门1.2毫米以下者为母兔；孔洞圆形而略小于肛门，距离肛门1.2毫米以上者为公兔（图3-15）。开眼后的仔兔可检查外生殖器，方法是将兔腹部朝上，检查人员用食指、中指夹住兔的尾巴，左右拇指轻压兔阴部开口的两侧，有圆筒状突起伸出的为公兔，阴部成尖叶状无突起的为母兔。育成兔、成年兔只要查看有无阴囊，便知公母。

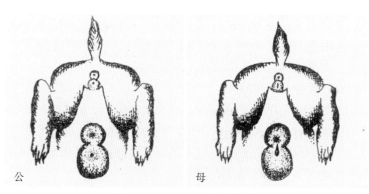

公　　　　　　　　　母

图3-15　初生仔兔性别鉴定

（三）年龄鉴别

在没有档案记录的情况下，家兔的年龄可从趾爪的颜色、长度以及牙齿生长情况、皮板厚薄三方面来综合鉴别。1岁白色兔趾爪基部粉红色与尖端白色长度相等，1岁以下红色多于白色，1岁以上白色多于红色。有色兔的年龄可根据趾爪的长度和弯度来鉴别，青年兔趾爪短而平直，隐藏在脚毛之中；随年龄的增长，趾爪逐渐露出脚毛之外；老龄兔趾爪有一半露出脚毛之外，而且爪尖钩曲。一般青年兔的门牙洁白、短小而整齐，皮板薄而紧密；老龄兔的门牙黄褐色、厚而长、时有破损，皮板厚而松弛。

（四）家兔去势

给家兔去势主要有两种方法：

1.阉割法 将兔腹部朝上，用绳把兔四肢分开绑在凳子上；术者用手将兔的睾丸由腹腔挤入阴囊并捏紧，使睾丸不能滑动；用酒精棉、碘酒将阴囊切口处消毒后，用消毒过的刀将阴囊切开一个小口；挤出两则睾丸，切断精索并摘除睾丸；用针线把切口缝好并消毒，然后将兔放入清洁、干燥、经过消毒的笼舍内饲养（图3-16）。

2.结扎法 术者将兔固定并捏住睾丸，用粗线将两睾丸连同阴囊扎紧，使血液不通，数天后睾丸即枯萎脱落（图3-17）。

图3-16 阉割法 （任克良 摄）

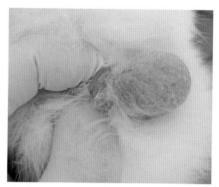

图3-17 结扎法 （任克良 摄）

（五）编号

种兔繁殖场（户）为了选种选配、管理和方便记录各项生产性能，要在仔兔断奶时进行编号。

1.墨刺法 先将要编的号码在刺号钳上排列好；在兔耳内侧中央无毛处，用碘酒消毒后，将用食醋研好的墨汁涂在要刺的部位，然后将刺号钳对准涂墨的部位进行刺号（图3-18）。数日后被刺部位即呈现出黑色号码。如果没有刺号钳，可用钢针按号点刺，刺时耳背垫一块橡皮，可使刺出的

图3-18 刺 号 （任克良 摄）

号码更为清晰。

2.**耳标法** 用铝质或塑料制成耳标，在其上编上号码。操作时，助手固定兔只，术者用小刀在兔耳朵边缘无血管处划一小口，将耳标穿过，固定即可（图3-19）。耳标易被兔笼网眼挂住，撕裂兔耳。

图3-19 耳 标 （任克良 摄）

四、不同季节家兔的饲养管理

（一）春季的饲养管理

春季，在我国南方和北方气候条件差异很大。南方多阴雨、湿度大，有利于细菌繁殖，家兔在这个季节由于不能适应潮湿环境，发病率和死亡率均较高，特别是幼兔。因此，要做好消毒降湿工作，地面上撒些草木灰、生石灰等，既杀菌又防潮。还要注意饲料品质，防止兔贪食过量，阴雨天少喂含水分高的饲料，多喂干粗料。北方气候干燥、雨少多风、阳光充足，比较适宜家兔的生长和繁殖，但也容易暴发流行一些传染病。因此，不论南方还是北方，在搞好家兔饲养管理的同时，都必须做好疫病防治、环境消毒等工作。

（二）夏季的饲养管理

夏季，家兔常因不能适应高温湿热而导致采食量下降，繁殖能力降低。因此，要做好防暑降温工作。首先要保持兔舍阴凉通风，防止日光直射，采取搭凉棚、种植树木、放水盆的方法降温。具体可在兔舍顶加盖一些遮阳物，如农作物秸秆、带树叶的树枝；也可在兔舍周围种植一些藤萝植物如葡萄、南瓜、丝瓜、葫芦等，即能遮阳降温、绿化环境，又有经济收入；兔舍内用深井水泼地喷雾或放置水盆降温，有条件的地方可安装排气扇，同时降低饲养密度。第二是精心喂养，早上早喂，晚上晚喂，中午多喂青饲料，保证供水。要注意饲料品质和卫生，日粮中可添加一些葱、蒜、韭菜等以防病，还可喂些西瓜皮解暑。第三是搞好卫生，消灭蚊蝇，定期消毒。

（三）秋季的饲养管理

秋季天高气爽、气候干燥、饲料充足，是家兔生长和繁殖的好季节，要加强饲养管理，抓紧配种繁殖，做好仔兔护理工作。秋季早晚温差大，容易引起仔兔、幼兔感冒、肺炎等，应加以注意。

（四）冬季的饲养管理

冬季气温低、日照短、青饲料匮乏。因此，家兔在冬季应加强饲养管理，做好防寒保温工作。日粮搭配要提高能量饲料的比例，如稻谷、麦类、玉米、麸皮等，青粗饲料中加喂一些豆腐渣、胡萝卜、黑麦草、松针、麦芽、菜叶、南瓜等，饲料的喂量要比其他季节多1/3。禁喂冰冻饲料，饮水最好要加温。兔舍内最好安装保温设施，关好窗户，门上挂吊帘，同时注意舍内通风，解决好通风与保温的矛盾。天气好时可打开门窗或排气扇，增加通风量。夜间要注意防贼风。毛用兔需要剪毛时，应选择温暖天气，切不可在寒流到来前剪毛。剪毛后兔笼内应加置巢箱，内放干草，让兔夜间栖宿。

五、家兔不同生理阶段的饲养管理

（一）种公兔的饲养管理

提高家兔的繁殖率，获得量大质优的改良后代，种公兔的饲养管理是关键之一。俗话说："母兔好，好一窝；公兔好，好一群"，道理就在于此。在饲养上，要注意营养的全面性和长期性，保证足够的蛋白质、矿物质和维生素饲料。为确保种公兔性欲旺盛、体质结实、精液品质良好，在一个时期集中使用的种公兔日粮中蛋白质含量要达到15%。对于体质较差、膘情欠佳的要实行短期优饲。在管理上，一定要细致，应单笼饲养，有条件的让公兔每天运动1～2小时，多晒太阳。配种时把母兔捉到公兔笼内。饲喂前和饲喂后半小时内不宜配种或采精。加强健康检查，一旦发现患有梅毒、疥癣、外生殖器炎症等疾病的种公兔，要立即隔离治疗，不能进行配种。种公兔的使用要合理，配种宜每天2次，连续2天休息1天；或每天配种1次，连续6天，休息1天。换毛期不宜配种。

（二）繁殖母兔的饲养管理

繁殖母兔是兔群的基础，根据不同的生理阶段，在饲养管理上应有所差异。

1. 空怀期　空怀期指母兔从仔兔断奶到下一次配种怀孕这一阶段，又叫休养期。由于母兔在哺乳期消耗大量体内营养，体质较弱。因此，在此阶段主要应注意恢复母兔体质，保证下一次配种、怀孕有一个良好的体况。要多喂一些优质青粗饲料，少喂精料，日粮中蛋白质含量要达到12%，枯草期适量补喂胡萝卜、白菜、生麦芽、生豆芽或多维，增加光照时间，对于体质弱、膘情差的要进行短期优饲。

（1）**发情表现**　母兔发情一般表现为精神不安，食欲下降，常用前爪扒笼子或用后脚拍击笼底，发出"啪啪"的响声；当抚摸母兔脊背时，母兔贴卧笼底并将身体舒展，尾部翘起。查看母兔外阴部，呈粉红色时为发情初期，紫红色为发情后期，当外阴呈大红色、湿润、分泌黏液增多时为发情盛期，此时配种受胎率最高（图3-20至图3-22）。生产实践中农民群众根据母兔外阴颜色变化总结出"粉红早、紫红迟、大红正当时"的适时配种经验。

图3-20　发情鉴定：外阴部苍白色，此时配种尚早　　（任克良　摄）

图3-21　发情鉴定：外阴部大红色、肿胀且湿润，此时配种正好
　　　　　　　　　（任克良　摄）

图3-22　发情鉴定：外阴部黑紫色、干燥，此时配种时间已晚
　　　　　　　　　（任克良　摄）

（2）配种

1）体质要求　参加配种的种兔要发育良好，体质健康，性欲旺盛，肥瘦适中，特别是种公兔体型一定要大于同群母兔。在选配上要采用：壮年公兔与壮年母兔（1.5～2岁）相配，青年公兔（初配到1.5岁）与壮年母兔相配，优秀老年公兔与壮年母兔相配，壮年公兔与青年母兔相配，壮年公兔与老年母兔相配。

2）种兔公母比例　用作配种繁殖的公母兔，比例一定要适当。公兔比例过小，使用频繁，会降低精液品质，缩短种用年限；比例过大，增加饲养成本，影响经济效益。一般种兔场（户）公母兔比例为1：5，较大的种兔场、生产场为1：8～10。

3）配种季节与时间　家兔一年四季均可配种繁殖，但由于气候的影响，炎热季节家兔性机能降低，不宜配种繁殖；寒冷季节由于气温低也不宜配种繁殖。但有条件的地方，防暑或防寒措施得力，配种繁殖可正常进行。配种时间，春秋季节配种应安排在上午进行，冬季安排在中午暖和时进行，夏季可安排在早晚凉爽时进行。

4）种兔利用年限　种兔从适龄配种繁殖起，利用年限以公兔3年、母兔2.5～3年为宜。对于特别优秀的个体可适当延长其种用年限。

5）配种方法　家兔的配种方法分为自然交配和人工授精两种。

①自然交配：又分为自由交配和人工控制交配。

自由交配就是公母兔长年混群饲养，任意交配，不受人工控制。这种方法全年可以配种产仔，设备简单，节省劳力。但易使公母兔交配过早，影响自身的体质发育；且易发生近亲交配，引起后代退化，并容易发生咬斗，传播疾病。该种方法不宜提倡。

人工控制交配又分为分群交配和人工辅助交配。分群交配就是在配种时，将一只或数只经过挑选的公兔放入母兔群中，合群饲养，任其自由交配；人工辅助交配就是公母兔分笼饲养，配种时由技术员将发情母兔捉到公兔笼内进行交配，配种后再将母兔放回原笼内（图3-23）。目前家兔繁殖主要采用此法

图3-23　人工辅助交配　（任克良　摄）

进行生产。

②人工授精：人工授精是家兔繁殖改良工作中最经济、最科学的一种配种方法。能充分发挥优良公兔的作用，迅速改进兔群品质，减少种公兔的饲养数量，降低饲养成本，提高母兔的受胎率和产仔数，避免疾病的传染，提高经济效益。其技术要点如下：

● 安装假阴道　假阴道由外壳、内胎和集精管三部分组成。将安装好的假阴道用70%的酒精消毒，等酒精挥发完以后，通过活塞注入适量50～55℃的热水，并将其调整到40℃左右。

● 采精　采精员用手固定母兔头部，另一手持假阴道，置于母兔两后肢之间。待爬跨公兔射精后，即把母兔放开，将假阴道竖直，放气减压，使精液流入集精管，然后取下集精管（图3-24）。

图3-24　采精示意图

● 精液品质检查　采精后立即进行精液品质检查，室温以18～25℃为宜。分肉眼检查和显微镜检查。肉眼检查就是直接观察精液的数量、色泽、混浊度和气味等。正常公兔精液呈乳白色，不透明，有的略带黄色。每次射精量0.5～1.5毫升。新鲜精液一般无臭味，混有尿液则有腥味。

显微镜的主要指标有：精子活力、密度和畸形率。精子活力达0.6以上，才可用作输精。

● 精液的稀释　常用稀释液有7.6%的葡萄糖卵黄液、11%的蔗糖卵黄液和生理盐水等（图3-25）。

● 排卵刺激

交配刺激排卵法——就是利用结扎输精管失去授精能力的公兔与

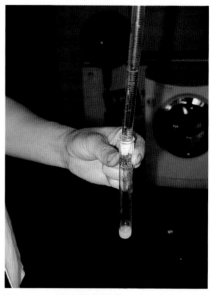

图3-25　精液稀释操作　（任克良　摄）

准备受精的母兔交配，然后再予输精。也可以采用在公兔腹下系一个围裙，使公兔爬跨母兔，但不致造成本交，也可达到刺激排卵的目的。

激素促排——常用的有人绒毛膜促性腺激素（HCG），每兔静脉注射50单位，或促黄体素（LH）每兔静脉注射50单位。注射后6小时内输精。据报道，用促排卵素2号做静脉注射后立即输精，可取得50%～55%的受胎率。也可用促排卵素3号，输精前肌内注射5微克即可。

● 输精　一般用家兔专用输精器或羊输精器。将母兔腹部向上，输精员将输精管弯头向背部方向轻轻插入阴道6～7厘米，然后慢慢将精液注入。而后用手轻捏母兔外阴部，加速阴道的收缩，避免精液倒流。输精量为0.3～0.5毫升，输入的活精子数理论上为1 000万～3 000万个。输精后，要及时记录与配公兔耳号、稀释倍数、输精量等。

输精部位要准确，母兔膀胱在阴道5～6厘米深处的腹面开口，而且孔径较大。因此，输精时要使输精器前端紧靠背部插入阴道6～7厘米深处，待越过尿道口后，再将精液输入两子宫颈口附近，使其流入子宫。但不宜插入过深，否则易造成母兔一侧子宫怀孕（图3-26）。

人工授精过程要注意严格消毒，无菌操作。

图3-26　输　精　（任克良　摄）

用激素进行排卵刺激，若连续多次使用，则母兔受胎率有下降甚至不能受胎的危险。常年采用人工授精的兔场，建议用结扎输精管的公兔进行交配以刺激母兔排卵。

6）配种程序　配种开始前，要先将公兔笼内的食具全部拿出，并在笼底垫上一块木板，以免兔爪夹入竹条缝中扭伤。经检查后，对健康的处于发情期的母兔用0.1%高锰酸钾水进行阴部消毒，然后放入公兔笼内进行配种。如果母兔愿意接近公兔，说明可以顺利配种。交配时，当公兔发出"咕咕"尖叫声，后肢蜷缩，随即由母兔后躯滑下倒向一侧，少许自行爬起，再三顿足，说明交配完毕。待公兔起立后，立即在母兔臀部稍用力拍一下，促使阴道收缩，防止精液外流。如遇到母兔拒绝交配时，可采取人工辅助交配。配种完毕将母兔放回原笼内，随后将配种日期、公兔耳号记录在繁殖卡上。

2.怀孕期 怀孕期指母兔配种受胎到分娩这一阶段，又叫妊娠期，一般为29～31天。

母兔怀孕期饲养管理的好坏，对胎儿的正常发育、产仔数、仔兔初生重和生活力以及母兔的泌乳力都有很大影响。因此，要根据怀孕母兔的生理特点和胎儿生长发育规律，制定正确的饲养管理措施。

怀孕母兔要单笼饲养，防止挤压和惊吓，不要无故捉兔。饲养管理人员在工作期间走路要轻、操作要稳，不可大声喧哗、嬉笑打闹，更不能敲击物品，以免母兔受到惊吓发生流产。需捉兔时要采取正确的捉兔方法，且不可动作粗暴或提住兔的两耳任其挣扎扭动，更不能将兔跌落在地。毛用兔需采毛时，可由技术熟练人员采用剪毛法采毛。不可随意摸胎，因为不正确的摸胎会引起胚胎死亡。摸胎最好在配种后10～15天，动作要轻，不能用力过猛，更不能用手去抓捏或计数。

加强母兔怀孕后期的营养，也就是怀孕第20天到分娩，这一时期胎儿生长发育快，其生长占初生仔兔重量的90%。因此，需要大量的营养物质。供给的饲料要优质、新鲜、清洁，日粮中蛋白质含量要达到15%，分娩前4～5天根据母兔体况减少精料喂量。

做好分娩前准备和分娩后处理。母兔在分娩前1～2天开始拉毛，这时需将已消毒好的产仔箱放入笼内，箱内铺清洁晒好的垫草，对于不拉毛的母兔要人工辅助拉毛。实践证明，分娩前拉毛好的母兔泌乳力、哺育力均高。要随时观察母兔表现，对于产期已过还未分娩的母兔，要根据情况选择相应的催产办法。母兔分娩前表现精神不好，食欲大减，粪便糊烂不成粒状。当母兔蹲在笼内一角呈昏迷状态时说明分娩即将开始，这时需将青饲料和淡盐水准备好。母兔整个分娩过程一般在半小时内完成，不需特殊护理，但必须保持安静。当母兔分娩完毕跳出产箱时，要及时供给饲料和饮水，供母兔饮食。同时，工作人员要将手洗净（但不能用香皂、化妆品，以免手上有异味造成母兔拒哺或食仔），取出产仔箱重新理巢，清除污毛、死胎及污湿草，清点仔兔数、称重、记录健康情况。做好夏季防暑、冬季防寒和防鼠害工作。

胎儿在母体内生长发育成熟之后，由母体排出体外的生理过程称为分娩。母兔在分娩前表现衔草作窝、拉毛、精神不安、乳房肿胀、食欲减退、外阴红肿、频繁出入产箱。

3.哺乳期　哺乳期指母兔分娩到仔兔断奶这一阶段，一般为35 ～ 42天，进行频密繁殖生产的为28天。

哺乳期除保证哺乳母兔本身的营养需要外，还必须保证泌乳的需要，重点预防乳房炎的发生。因此，要供给新鲜、易消化、营养全面的饲料，日粮中蛋白质含量要达到17%。母兔在分娩后1 ～ 2天内，食欲较差，体质较弱，需多喂青绿饲料，少喂或不喂精料，4天后逐渐增加精料量。同时，在母兔分娩后要保证仔兔吃足初乳。母兔营养是否正常要根据仔兔粪便来辨别。如仔兔箱内保持清洁干燥，很少有粪尿，仔兔腹部鼓起，肚皮透出乳白色，皮肤红润，说明仔兔吃得饱，母兔营养正常；如果发现仔兔箱内粪尿过多，仔兔拉稀或粪便干燥，都要及时调整母兔日粮。对哺乳母兔的管理一定要细心周到，每天哺乳1次，必须是取仔留母。为预防乳房炎发生，除调整日粮外，还要仔细检查笼位和产仔箱情况，清除铁丝头、突出物，笼底和产仔箱出口要处理光滑。经常检查母兔乳房，发现有硬块、奶头红肿时要及时治疗。

为了选种和检查母兔泌乳情况，需进行泌乳力测定，方法是以产后21天全窝仔兔重来表示。在生产实践中，有的母兔不能很好地哺育仔兔，出现扒窝现象，将仔兔扒死、咬死；有的母兔拒绝哺乳。出现这些情况，一般是由于产箱不清洁、有异味或环境不安静；也可能是由于母兔患乳房炎，仔兔吃奶时引起疼痛等造成。如果发现这些现象，应将产仔箱取出，查明原因，采取相应措施。此外，有的母兔产后没奶或产仔过多，超过了哺育能力，此时可找同期产仔少的母兔代乳。对于产后没奶或哺育能力差的母兔，经两胎后没有好转，必须淘汰。

（三）仔兔的饲养管理

从出生到断奶这一阶段为仔兔期。这一时期仔兔生长迅速，抵抗外界环境的调节机能很差。因此，要精心饲养，细心护理。根据仔兔生长发育特点分为睡眠期和开眼期两个阶段。

1.睡眠期　仔兔出生后到第12天左右开眼，这一阶段为睡眠期

图3-27　生长发育正常的仔兔

（任克良　摄）

（图3-27）。此期应主要加强哺乳母兔的饲养管理，保证仔兔早吃奶、吃足奶，重点预防仔兔黄尿病的发生。有的母兔不能很好地给仔兔喂奶，要人工辅助喂奶。方法是每天强制母兔给仔兔喂奶2～3次，连续数天即可。对于确实无奶的要找保姆兔或人工喂养。还要防止"吊乳"，也就是母兔缺奶或受惊从产仔箱内跳出时，将咬住乳头的仔兔带出，如不能及时发现，仔兔容易被母兔踩死或冻死。因此，要加强管理，经常检查产箱情况，夏季防止兔中暑，冬季注意保温防寒。

2.开眼期　仔兔从开眼到断奶这一阶段为开眼期（图3-28）。

仔兔开眼后随日龄增加，活动量渐增，产箱已不能满足仔兔的需要，应转入育仔笼饲养。16日龄左右，仔兔开始试吃饲料，这时可给予少量易消化而营养高的饲料，蛋白质含量在18%～20%。管理上要放入专门的育仔笼饲养，21日龄后母兔泌乳量开始下降，这时正式

图3-28　开眼　（高晋生　摄）

开始给仔兔补料，定时定量，少喂勤添。30日龄后，逐渐由吃奶为主过渡到以吃饲料为主。这样可有效预防断奶后仔兔球虫病的发生，提高幼兔成活率。仔兔开食后，粪尿增多，要注意保持笼内清洁干燥。仔兔断奶可以采取两种方法，一种是全窝仔兔生长发育整齐的，采取一次性断奶法；另一种是全窝仔兔生长发育不太一致的，采取体质强、个体大的先行断奶，体质差、个体小的可适当延长哺乳期的分批断奶法。断奶时，经测定准备留作种用的仔兔，要打耳号建档登记。管理上要细心周到，注意检查仔兔、母兔健康情况，做好防暑、防寒、防潮、防风、防鼠害等工作。

（四）幼兔的饲养管理

从仔兔断奶到3月龄这一阶段叫幼兔，又叫生长兔（图3-29）。

这一时期幼兔生长发育快、食欲好，但胃肠消化机能较弱，容易发生球虫病和腹泻，死亡率较高。因此，在饲养上要注重饲料品质和数量，喂给易消化、含能量和蛋白质高的饲料，日粮中蛋白质含量要达到

16%～18%。在整个幼兔时期蛋白质含量应由高到低，粗纤维含量由低到高。饲喂方法要定时限量，先精后粗，每天喂2次精料、3～4次青粗饲料，精料中添加一些抗球虫、防腹泻、促生长的药物或添加剂。供给的粗饲料要质地柔软，粗硬带刺的易引起幼兔口腔炎。在管理上，对断奶的幼兔，开始几天应尽量保持原有的饲养环境，1周后可按日龄大小、体质强弱分群或分笼饲养。注意要经常检查兔群健康状况。幼兔满3月龄时，要根据生长发育情况进行测定，对于生长发育好、外貌特征符合品种要求的，可留作后备兔，并将品种、耳号及测定结果登记在幼兔生长发育记录表上。

图3-29　幼兔食欲旺盛（任克良　摄）

（五）青年兔的饲养管理

3月龄到初配前这一阶段叫青年兔，又叫育成兔或后备兔。青年兔食欲旺盛，生长发育迅速，抗病力增强，死亡较少。饲养上要保证饲料的品质和数量，日粮中蛋白质含量要达到12%。一般在4月龄以内精料比例可适当大些，喂量不限，吃饱吃好；到5月龄以后，要适当控制精料，以防过肥，影响以后配种。在管理上，要单笼饲养，初配前要进行全面检查、称重，筛选出符合种用要求的兔进行配种繁殖。

六、商品獭兔的饲养管理

（一）饲养管理

饲养商品獭兔的目的是要获得较大数量的优质兔皮。因此，为了保证獭兔的毛皮质量和按时取皮，要加强断奶到6月龄这一时期商品獭兔的饲养管理。用于商品生产的獭兔大多数是青年兔，生长发育迅速，新陈代谢旺盛，需要供给充足的蛋白质、矿物质和维生素饲料，日粮中蛋白质含量要达到16%～18%，保证清洁饮水，饲料中添加一些促生长、抗球虫、防腹泻物质。管理上要分笼饲养，由断奶时每笼3～4只，逐渐减少到3月龄时的单笼饲养，至出栏。公兔要去势，断奶、3月龄时要进行免疫注射，要保持兔舍内清洁、干燥、通风、透光，饲具、兔舍、环境要定期消毒。

（二）适龄适时出栏或取皮

一般獭兔养到5～6月龄、体重达到2.75千克以上，即可出栏或宰杀取皮，淘汰兔、老龄兔出栏或取皮应选择在冬季或初春。取皮可采取先处死、剥皮，后放血的取皮方法，即处死→倒挂→后肢内侧中线开刀冲肛门划开→向下拉皮→去头、尾、四肢→腹中线开裂成片皮。

（三）兔皮处理与保存

在保存兔皮之前，对取下的皮要用食盐进行处理，利用食盐吸出皮内水分和杀菌，并抑制细菌繁殖，达到防腐的目的（图3-30）。处理方法是取皮重25%～30%的食盐，均匀地撒在皮面上，然后板面对板面摞好放置24小时左右，再将每张皮展平晾干（通风干燥阴凉处，不能晒），然后板面对板面摞好打捆（每捆20张），放通风干燥阴凉处或冷库保存。

图3-30　手工盐渍防腐法（任克良　摄）

（四）兔皮分级标准

依据1982年中国土畜产进出口公司制订的獭兔皮收购试行标准，可将獭兔皮分为三个等级。

1.甲级皮　板质良好，被毛平齐，绒毛丰厚平顺，毛色纯正，色泽光润，无旋毛，皮板洁净，无伤残，无脱毛、油烧、烟熏、孔洞、破缝，面积在1 111平方厘米以上。

2.乙级皮　板质良好，被毛平齐，毛色纯正，色泽光润，无旋毛，次要部位略有空疏、油烧、烟熏、孔洞（面积不超过2.2平方厘米）、破缝一种者，面积与甲级皮相同；或具有甲级皮质量，面积在944平方厘米以上。

3.**丙级皮**　板质较好，绒毛空疏短薄，被毛欠平，次要部位带 1 ～ 2 个空洞（总面积不超过3.3平方厘米）；或面积与甲级皮相同，或具有甲、乙级皮质量，面积在777平方厘米以上。

七、长毛兔的饲养管理

（一）饲养管理

　　饲养长毛兔，是为了获得质量好、数量多的兔毛。因此，在配制长毛兔日粮时，必须含有足量的蛋白质和平衡的氨基酸，以确保兔毛质量和加快兔毛生长，提高产毛量。特别是在剪毛后1个月内采食量明显增加，兔毛生长强度增大，供给的日粮蛋白质含量要达到17%～18%，含硫氨基酸不低于0.7%。在管理上，要单笼饲养，定期梳毛，夏季采毛后要防止太阳直射，冬季采毛后要注意保暖，适当补给营养。母兔怀孕期间不宜采毛。平时要及时清除笼中的兔毛或散落在饲料上的兔毛，防止误食而引起毛球病。

（二）采毛方法

　　长毛兔的采毛方法可以分为两种：

1.**拔毛**　拔毛又分为拔长留短和拔光两种。

（1）**拔长留短**　用右手的食指、拇指及中指将符合规格的长毛一小撮一小撮地拔下来，短毛不拔。一般30～40天拔一次。此法适宜冬季采用。

（2）**拔光**　除头、脚、爪、尾巴、尾根、四肢内侧软裆处不拔外，其余部分一次拔光，约90天拔一次。此法适宜春秋换毛季节采用。幼兔皮肤嫩，第一次采毛不宜采用此法；怀孕和哺乳母兔、配种期公兔亦不宜采用此法，以免造成流产、泌乳下降和影响精液品质。

　　拔毛的优点是所采集的毛较长、品质好，且拔毛对毛乳头有刺激作用，可以促进皮肤的血液循环，有利于提高兔毛产量和质量。但该法费工费时，拔光一只兔子约需40分钟。

2.**剪毛**　一般80～90天剪一次。剪毛时要绷紧皮肤，剪刀靠近毛根，注意不要把奶头、睾丸剪掉。先剪背部，然后左右两侧、头部、臀部、腿部，最后腹部（图3-31）。剪刀要放平，不要剪二刀毛，以免影响兔毛长度而降低等级，剪下的毛要按部位分级存放。

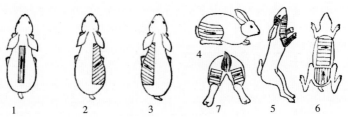

图3-31　剪毛的顺序　　　　（任克良　摄）

剪毛的优点是省工省时，剪一只兔需5～10分钟，对幼兔、怀孕及哺乳母兔、配种期公兔影响不大。缺点是易产生二刀毛，毛长度较短影响质量，操作不慎易剪伤兔的皮肤。

（三）兔毛的等级划分

国家收购兔毛时，根据毛的长、松、白、净四个标准，划分为四个等级。

特等：纯白全松毛，长度6.35厘米以上，粗毛不超过10%，养毛期约90天。

一等：纯白全松毛，长度5.08厘米以上，粗毛不超过10%，养毛期约75天。

二等：纯白全松毛，长度3.81厘米以上，粗毛不超过20%，含有少量能撕开而不损害兔毛品质的缠结毛，养毛期约60天。

三等：质量与二等相同，长度为2.54厘米。

（四）兔毛的贮存

1.防潮　兔毛吸湿性较强，一旦受潮就集结成饼，难以分开，严重时会发霉变质。因此，存放兔毛的箱、袋应悬挂在干燥通风处，不要与地面、墙壁接触，以免受潮。兔毛一旦受潮，只能在阴凉处晾干，不能直接在阳光下暴晒。

2.防晒　兔毛长时间在阳光下暴晒，会使毛纤维变得粗糙、强度减弱、颜色变黄。因此，放兔毛的地方要避免阳光直射。

3.防压　兔毛纤维细长蓬松，质地柔软，黏合力强，易缠结，盛装时一定要分级、防压，不能多翻动，以免摩擦结块。

4.防蛀　兔毛的角蛋白含量很高，在湿热的环境下易遭虫蛀。预防的办法是在装兔毛的箱、袋内放些樟脑球。樟脑球最好用纱布或白纸包好，不能直接与兔毛接触，以免导致兔毛发黄变脆。

5.防污染　存放兔毛的器具一定要清洁干燥，不能与有异味的东西放在一起，特别注意防烟熏，不能与碱接触（图3-32）。

图3-32　兔毛贮存方法（张立勇　摄）

第四章 家兔的饲料与营养需要

家兔 ·

饲料是养兔的物质基础。广泛地开发和利用饲料资源，按家兔不同时期的营养需要，科学配制日粮，是降低饲养成本、提高经济效益的重要手段之一。

一、饲料的概念

凡是一切植物性的、动物性的、矿物性的产品以及农副产品，能够被家兔利用而没有发生中毒现象的物质都叫作饲料。

二、家兔的常用饲料

（一）青饲料

青饲料是家兔最喜欢吃的饲料，来源广泛，山坡、荒滩、闲散地都可以生产青饲料。它是家兔春、夏、秋季的主要饲料，可以供给家兔丰富的蛋白质、维生素及矿物质。青饲料包括青刈作物、各种无毒野草、人工栽培牧草以及树木的嫩枝叶等，其特点是幼嫩多汁、适口性好、营养全面、容易消化。饲喂量每只成年兔每天可供给1 000～1 500克带泥土的青饲料，喂前须洗净；带雨水的草或早晨带露水的草，在饲喂前都必须摊晾阴干；含水分多的幼嫩饲料最好与糠麸或粗饲料搭配饲喂，尤其是早春，仔兔、幼兔贪食过量易引起伤食或臌胀；青饲料要摊开存放，以免霉烂变质，造成浪费。田边受农药污染的青饲料，有毒草都不能喂兔。

在缺青季节，可制取生麦芽来提供家兔青绿饲料。实践证明，在冬春季饲喂生麦芽，可有效提高种兔繁殖性能。制取方法如下：选颗粒饱满无虫蛀的小麦或大麦适量，用45℃左右的温水浸泡24小时，再装筐盖麻袋片催芽；待麦子粉嘴发胖露白后装入浅筛内摊成3～5厘米厚，上面盖塑料薄膜，放在室温25℃的环境中，每天用温开水喷洒3～5次；为使麦芽健壮，每天可用5%的白糖水喷洒一次。这样经5～7天后，麦芽可长到6～8厘米，用来喂兔。解决青饲料来源，还可通过人工种植牧草来实现。目前，一些规模较大的养兔场（户）主要种植紫花苜蓿、菊苣、黑麦、串叶松香草等牧草，质量好、产量高，并取得了较理想的经济效益（图4-1、图4-2）。

图4-1　紫花苜蓿　（任克良　摄）

图4-2　普那菊苣　（任克良　摄）

（二）多汁饲料

多汁饲料含碳水化合物多，蛋白质和纤维少，脆嫩多汁，适口性好，有助于整个日粮的消化吸收。在冬季以干粗饲料为主的日粮搭配部分多汁饲料，能够提高饲料的利用率，有促进母兔泌乳的作用。多汁饲料主要包括块根、块茎类和瓜类，主要有胡萝卜、白萝卜、甘薯、马铃薯、木薯、饲用甜菜、南瓜、西葫芦、圆白菜、大白菜、菠菜、萝卜叶等，其中以胡萝卜最好（图4-3至图4-10）。

图4-3　胡萝卜　（高晋生　摄）

图4-4　白萝卜　（高晋生　摄）

图4-5 甘 薯 （高晋生 摄）

图4-6 马铃薯 （高晋生 摄）

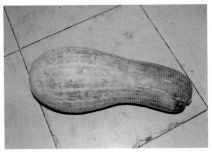

图4-7 南 瓜 （高晋生 摄）

图4-8 西葫芦 （高晋生 摄）

图4-9 圆白菜 （高晋生 摄）

图4-10 大白菜 （高晋生 摄）

　　利用块根类饲料，经洗净、切丝，控制喂量。马铃薯要煮熟喂，已发芽变绿的应先去芽眼、削去绿皮再煮熟喂。菜叶类饲料喂量要适当，必须与其他饲料搭配喂给，不能多喂；存放时要摊开，以免堆积发热产生亚硝酸盐，采食后引起兔中毒，严重的导致死亡。多汁饲料是枯青季节不可缺少的饲料，特别是冬春更有助于母兔繁殖，可提高繁殖受胎率。因水分含量高，饲喂过量易引起消化道疾病，日喂量应控制在150～300克。

（三）粗饲料

粗饲料是家兔越冬的主要饲料，包括青干草类、农作物秸秆和干树叶。其特点是粗纤维含量高，质地粗硬，含水分少，适口性较差。

1.青干草　青干草包括人工栽培的各种牧草，如苜蓿、沙打旺、红豆草、黑麦草等，以及山坡野地生长的各种杂草，如艾蒿、猫尾草、野苋菜、胡枝子、水稗草等晒制而成的青干草（图4-11）。一般禾本科牧草的抽花期、豆科牧草在孕蕾期和初花期收割为宜。

图4-11　青干草　（高晋生　摄）

2.农作物秸秆　农作物秸秆是由农作物成熟后，脱掉籽实所剩副产品，一般质地坚硬粗糙，口感差，粗纤维多，不易消化，营养价值低。包括玉米秸、甘薯藤、花生秧、豆秸、稻草等。

3.树叶类　树叶类包括槐树叶、苹果叶、杨树叶、榆树叶、桑叶、松针、柏叶等（图4-12）。此类饲料含粗纤维少，蛋白质、维生素及矿物质含量高，适口性较好，易消化。

该类饲料中叶片营养含量高，因此，在收割、晾晒、运输等过程中，要尽量减少叶片的损失。

图4-12　杨树叶　（高晋生　摄）

（四）精饲料

精饲料主要指谷物和豆类籽实及其粮食加工副产品。其特点是营养价值高，含有大量的碳水化合物、蛋白质、脂肪，粗纤维少，体积小，消化率高，能够满足家兔的多种营养需要。

1.谷物　包括玉米、高粱、小麦、大麦、燕麦等，属能量饲料（图4-13）。其中高粱在日粮中的比例要适当，过量会引起兔便秘。

2. 豆类　包括大豆、黑豆、豌豆、蚕豆等，属蛋白质饲料（图4-14）。

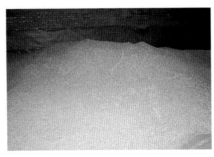

图4-13　玉　米　（高晋生　摄）

图4-14　大　豆　（高晋生　摄）

3. 粮食加工副产品　包括大豆饼、棉籽饼、菜籽饼、花生饼、胡麻饼、豆腐渣等，是主要的蛋白质饲料（图4-15至图4-17）。

图4-15　豆　饼
（高晋生　摄）

图4-16　菜籽粕　（高晋生　摄）

图4-17　膨化豆粕　（高晋生　摄）

大豆饼饲用前要焙炒或煮熟，破坏其中的抗胰蛋白酶、促甲状腺肿胀物质、皂素与血凝素等有毒物质。棉籽饼使用前要进行脱毒处理，饲喂量不得超过日粮的10%，且不宜长期使用。花生饼味香不易贮存，应鲜喂。豆腐渣含水量大，适口性差，不宜多喂，以免引起兔腹泻。饲喂时尽量将水挤出，加热处理后与麦麸或米糠搭配饲喂，比例可占到日粮的15%～20%；夏季豆腐渣易变质发酸，故应鲜喂。

精料多以粉状或与粗饲料混合加工成颗粒饲料喂兔（图4-18至图4-21）。在以粉料喂兔时，加工不宜过细，以湿拌料形式为宜。其饲喂量为幼兔每天50～80克，成年兔每天100克，哺乳兔每天150克。

图4-18　预混料　（高晋生　摄）

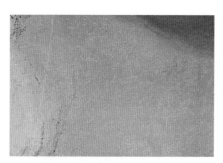

图4-19　草　粉　（高晋生　摄）

图4-20　颗粒机　（高晋生　摄）

图4-21　颗粒料　（高晋生　摄）

（五）矿物质饲料

矿物质饲料主要用于补充饲料中钙、磷、钠、氯以及其他矿物质元素。常用的有食盐、骨粉、贝壳粉、石粉等。食盐主要含氯和钠，可以刺激食欲，大部分的植物饲料中缺乏这两种元素，只有通过添加才能获得（图4-22）。添加量一般为日粮的0.3%～0.5%，过量时会

图4-22　食　盐　（高晋生　摄）

引起兔中毒。骨粉主要是补充钙和磷，如果缺乏易引起家兔佝偻病、软骨症、母兔产后瘫痪等，添加量一般为日粮的2%～3%；贝壳粉和石粉主要成分是碳酸钙，都是钙的来源。

（六）动物性饲料

动物性饲料来源于动物及其加工副产品，包括肉骨粉、血粉、鱼粉、蚕蛹粉等。其特点是含有丰富的优质蛋白质、脂肪和矿物质。日粮中搭配少量的动物性饲料，可以改善日粮中蛋白质的全价性，提高植物性饲料的利用率，对家兔的生长发育有很好的作用。动物性饲料一般不超过日粮比例的5%，比例过高会影响适口性。

三、家兔的营养需要

1.对水的需要　家兔对水的需要因季节、饲料品种和类型的不同而有所差异。一般为食入干物质总量的1.5～2倍。采食颗粒料比粉拌料需水量大，夏季温度高需水量大。如果缺水，会影响家兔正常的采食量和采食速度，造成饲养周期延长，产品质量下降。因此，必须满足家兔的饮水需要。

2.对能量的需要　家兔的各种生理机能都需要能量，日粮中的碳水化合物和脂肪是能量的主要来源。生长兔体重每增加1克，需39.71千焦的能量。因此，按家兔各生理阶段每千克饲料中需含消化能为：生长期10.45兆焦，维持期8.78兆焦，怀孕期10.45兆焦，哺乳期10.45兆焦。

3.对蛋白质的需要　蛋白质是一切有机生命的基础，是家兔生长发育、繁殖、泌乳以及维持生命不可缺少的营养物质。研究表明，6月龄家兔每天需蛋白质15～20克，母兔妊娠期每天需蛋白质35～75克。在家兔日粮中蛋白质含量为：生长期16%，维持期12%，怀孕期15%，哺乳期17%。

4.对脂肪的需要　脂肪是家兔能量的重要来源，是兔体血液、肌肉、内脏等的重要成分，还可促进脂溶性维生素的溶解吸收，改善饲料的适口性。家兔日粮中脂肪含量2%～5%，即可满足需要。

5.对粗纤维的需要　家兔对粗纤维的消化能力较低，但又是必不可少的。因为粗纤维在家兔的消化过程中起着一种物理作用，可以保持消化道的正常蠕动，促进营养物质的消化吸收。家兔日粮中粗纤维含量以12%～14%为宜。

6.对维生素的需要　维生素属于一种具有生物学活性的有机化合物，家兔对维生素的需要量虽然很少，但对维持家兔健康、保持机体正常生理活动是十分必要的。维生素主要来源于青饲料，保证家兔青饲料的供给，即可满足维生素需要。缺青季节，可在饲料中添加市售的多种维生素添加剂，来满足兔体对维生素的需要。

7.对矿物质的需要　矿物质是家兔体组织的主要成分之一。日粮中钙、磷含量为：生长兔0.4%和0.22%，母兔怀孕期0.45%和0.37%、哺乳期0.75%和0.5%，即可满足需要。钙磷比例以2：1为好。钠和氯是食盐的主要成分，家兔日粮中添加0.5%～1%。家兔对其他矿物质的需要量极少，可选用市售的多种微量元素添加剂来满足。

四、配合饲料生产技术

随着我国规模兔业生产的发展，配合饲料的使用越来越普遍。

1.配方设计应考虑的因素

（1）**使用对象**　应考虑配方使用的对象，家兔生理阶段（仔兔、幼兔、青年兔、公兔、空怀、妊娠、哺乳）等。不同生理阶段的家兔对营养需求量不同（图4-23、图4-24）。

图4-23　母兔料　（高晋生　摄）

图4-24　商品兔料　（高晋生　摄）

（2）**营养需要量** 设计时可参考国内外家兔相关饲养标准，也可参考本书例举的饲养标准（表4-5至表4-13）。

（3）**饲料原料成分与价格** 选用时，以来源稳定、质量稳定的原料为佳。原料营养成分受品种、气候、贮藏等因素影响，计算时最好以实测营养成分为依据，不能实测时可参考国内、国外营养成分表，也可参考本书提供的饲料营养成分表（表4-2至表4-4）。力求使用质好、价廉、本地区来源广的原料，这样可降低运输费用，以求最终降低饲料成本。

（4）**生产过程中饲料成分的变化** 配合饲料的生产加工过程对于营养成分有一定影响的，设计时应适当提高其添加量。

（5）**注意饲料的品质和适口性** 配制饲粮不仅要满足家兔的营养需要，还应考虑饲粮的品质和适口性。饲粮适口性直接影响家兔的采食量。

（6）**一般原料用量的大致比例** 根据家兔养殖生产实践，常用原料的大致比例见表4-1。

表4-1 家兔饲粮中一般原料用量的大致比例及注意事项

种　类	饲料种类	比　例	注意事项
粗饲料	干草、秸秆、树叶、糟粕、蔓类等	20%～50%	几种粗饲料搭配使用
能量饲料	玉米、大麦、小麦、麸皮等谷实类及糠麸类	25%～35%	玉米比例不宜过高
植物性蛋白质饲料	豆饼、葵花饼、花生饼等	5%～20%	注意防止花生饼感染霉菌
动物性蛋白质饲料	鱼粉	0%～5%	禁止使用劣质鱼粉
钙、磷类饲料	骨粉、磷酸氢钙、石粉、贝壳粉	1%～3%	骨粉要注意质量
添加剂	矿物质、维生素、药物添加剂等	0.5%～1.5%	严禁使用国家明令禁止的违禁药物
限制性原料	棉籽饼、菜籽饼等有毒饼粕	<5%	种兔饲料中尽量不用有毒饼粕

2.**饲料营养成分** 家兔常用饲料营养成分、营养价值及消化率见表4-2，饲料主要氨基酸、微量元素含量见表4-3，常用矿物质饲料添加剂元素含量见表4-4。

表4-2 家兔饲料成分、营养价值及消化率表

饲料名称	干物质(%)	粗蛋白质(%)	粗脂肪(%)	粗纤维(%)	总能(兆焦／千克)	粗灰分(%)	钙(%)	磷(%)	消化率（%）			可消化粗蛋白质(%)	消化能(兆焦／千克)
									粗蛋白质	粗纤维	总能		
蛋白质饲料													
大豆籽实	91.7	35.5	16.2	4.9	21.44	4.7	0.22	0.63	69		82	24.7	17.68
黑豆籽实	91.6	31.1	12.9	5.7	20.97	4.0	0.19	0.57	65		81	20.2	17.00
豌豆籽实	91.4	20.5	1.0	4.9	17.02	3.3	0.09	0.28	88		83	18.0	13.82
蚕豆籽实	88.9	24.0	1.2	7.8	16.51	3.4	0.11	0.44	72		82	17.2	13.53
豆饼(热榨)	85.8	42.3	6.9	3.6	17.87	6.5	0.28	0.57	74		76	31.5	13.54
菜籽饼(热榨)	91.0	36.0	10.2	11.0	17.69	8.0	0.76	0.88	86		75	31.8	13.33
亚麻饼(热榨)	89.6	33.9	6.6	9.4	18.42	9.3	0.55	0.83	55		59	18.6	10.92
大麻饼(热榨)	82.0	29.2	6.4	23.8	15.95	8.3	0.23	0.13	75		69	22.0	11.02
茬饼(热榨)	93.1	35.3	8.3	16.2	18.76	6.7	0.63	0.86	79		57	27.8	12.64
豆腐渣	97.2	27.5	8.7	13.6	19.48	9.9	0.22	0.26	70		84	19.3	16.32
能量饲料													
燕麦籽实	92.4	8.8	4.0	10.0	17.45	4.0	0.20	0.43	45		72	4.0	12.55
青稞籽实	89.4	11.6	1.4	3.2	16.82	2.1	0.07	0.40	52		91	6.1	15.25
谷子籽实	88.4	10.6	3.4	4.9	16.35	3.3	0.17	0.29	79		92	8.4	14.90
糜子籽实	89.4	9.5	2.9	10.4	15.92	7.2	0.14	0.92	65		64	6.2	11.31
甜菜渣(糖甜菜)	91.9	9.7	0.5	10.3	16.43	3.7	0.68	0.09	47		74	4.6	12.11

（续）

饲料名称	干物质（%）	粗蛋白质（%）	粗脂肪（%）	粗纤维（%）	总能（兆焦／千克）	粗灰分（%）	钙（%）	磷（%）	消化率（%）			可消化粗蛋白质（%）	消化能（兆焦／千克）
									粗蛋白质	粗纤维	总能		
胡萝卜根	8.7	0.7	0.3	0.8	1.49	0.7	0.11	0.07	56		99	0.4	1.47
马铃薯	39.0	2.3	0.1	0.5	6.67	1.3	0.06	0.24	49		87	1.1	5.82
甘薯	29.9	1.1	0.1	1.2	5.07	0.6	0.13	0.05	13		92	0.1	4.65
青绿饲料													
苜蓿盛花期	26.6	4.4	0.5	8.7	4.77	2.9	1.57	0.18	64		41	2.8	1.94
聚合草叶子	11.0	2.2		1.5				0.06					0.98
鸭茅	27.0	3.8		6.9			0.07	0.11					2.15
红豆草再生草	27.3	4.9	0.6	7.2	4.94	2.7	1.32	0.23	55		51	2.7	2.54
黑麦草营养期	22.8	4.1	0.9	4.7	3.99	3.6	0.14	0.06	68		47	2.8	1.88
野豌豆结荚期	27.4	4.3	0.7	8.6	5.17	2.0	0.23	0.18	42		33	1.8	1.69
紫云英再生草	24.2	5.0	1.3	12.3	4.15	4.3	0.34	0.13	77		65	3.9	2.72
地肤开花期	14.3	2.9	0.4	2.8	2.22	3.0	0.29	0.10	77		53	2.2	1.16
甘蓝	5.2	1.1	0.4	0.6	0.91	0.5	0.08	0.29	93		96	1.0	0.87
粗饲料													
苜蓿干草粉	91.4	11.5	1.4	30.5	16.16	8.9	1.65	0.17	60		36	6.4	5.82
红三叶结荚期干草粉	91.3	9.5	2.3	28.3	15.97	8.8	1.21	0.28	66		59	6.2	9.36
杂三叶秸秆	93.5	10.6	1.5	26.0	15.47	12.6	1.84	0.43	58		23	6.2	3.59
红豆草结荚期	90.2	11.8	2.2	26.3	16.19	7.8	1.71	0.22	39		48	4.7	7.74

（续）

饲料名称	干物质(%)	粗蛋白质(%)	粗脂肪(%)	粗纤维(%)	总能（兆焦／千克）	粗灰分(%)	钙(%)	磷(%)	消化率（%）			可消化粗蛋白质(%)	消化能（兆焦／千克）
									粗蛋白质	粗纤维	总能		
燕麦草秸秆	92.2	10.8	1.4	34.0	16.57	4.7	0.37	0.31	48		47	2.6	7.82
紫云英成熟期干草	92.4	5.5	1.2	22.5	15.79	11.1	0.71	0.20	60		13	6.5	2.05
小冠花秸秆	88.3	5.2	3.0	44.1	16.43	5.2	2.04	0.27	49		26	2.5	4.32
箭筈豌豆盛花期干草	94.1	19.0	2.5	12.1	16.57	11.6	0.06	0.27	60		43	11.3	7.28
箭筈豌豆秸秆	93.3	8.2	2.5	43.0	15.66	11.3	0.06	0.27	48		10	4.0	1.62
草木樨盛花期干草	92.1	18.5	1.7	30.0	16.72	8.1	1.30	0.19	61		62	12.2	6.64
沙打旺盛花期干草	90.9	16.1	1.7	22.7	16.38	9.6	1.98	0.21	55		42	8.8	6.84
野麦草秸秆	90.3	12.3	2.9	29.0	15.77	8.2	0.39	0.22	78		29	9.6	4.63
草地羊茅营养期干草	90.1	11.7	4.4	18.7	14.28	18.0	1.00	0.29	63		58	7.4	8.26
百草根营养期干草	92.3	10.0	3.2	18.9	16.47	6.0	1.51	0.19	72		60	7.2	9.82
鸭茅秸秆	93.3	9.3	3.8	26.7	16.43	10.6	0.51	0.24	87		42	8.1	6.87
无芒雀麦籽实期干草	91.0	5.2	3.1	13.6	16.32	7.6	0.49	0.20	62		47	3.2	7.59

（续）

饲料名称	干物质（%）	粗蛋白质（%）	粗脂肪（%）	粗纤维（%）	总能（兆焦／千克）	粗灰分（%）	钙（%）	磷（%）	消化率（%）			可消化粗蛋白质（%）	消化能（兆焦／千克）
									粗蛋白质	粗纤维	总能		
无芒雀麦秸秆	90.6	10.5	3.1	28.5	16.03	9.7	0.49	0.20	38		26	4.0	4.21
玉米秸秆	66.7	6.5	1.9	18.9	11.54	5.3	0.39	0.23	81		71	5.3	8.16
马铃薯藤晒干草粉	88.7	19.7	3.2	13.6	13.19	19.8	2.12	0.28	79		67	15.6	8.90
南瓜粉晒干	96.5	7.8	2.9	32.9	16.22	12.4	0.19	0.19	57		79	4.4	12.83
葵花盘收籽后晒干	88.5	6.7	5.6	16.2	14.19	11.3	0.83	0.12	52		66	3.5	9.31
谷糠	91.7	4.2	2.8	39.6	16.86	7.1	0.48	0.16	30		24	1.3	4.05
糜糠	90.3	6.4	4.4	46.4	16.82	9.2	0.09	0.29	60		22	3.9	3.74

表4-3　家兔饲料主要氨基酸、微量元素含量（风干饲料）

饲料名称	赖氨酸（%）	含硫氨基酸（%）	铜（毫克／千克）	锌（毫克／千克）	锰（毫克／千克）
大豆	2.03	1.00	25.1	36.7	33.1
黑豆	1.93	0.87	24.0	52.3	38.9
豌豆	1.23	0.67	3.7	24.7	14.9
蚕豆	1.52	0.52	11.1	17.5	16.7
菜豆	1.70	0.40			
豆饼	2.07	1.09	13.3	40.6	32.9
羽扇豆	1.90	0.75			
菜籽饼	1.70	1.23	7.7	41.1	61.1
亚麻饼	1.22	1.22	23.9	52.3	51.0
大麻饼	1.25	1.13	18.3	90.9	98.4
荏饼	1.69	1.45	20.2	52.2	62.8
棉籽饼	1.38	0.91	10.0	46.4	12.0
花生饼	1.70	0.97	12.3	32.9	36.4
芝麻饼	0.51	1.51	37.0	94.8	51.6

（续）

饲料名称	赖氨酸（%）	含硫氨基酸（%）	铜（毫克／千克）	锌（毫克／千克）	锰（毫克／千克）
豆腐渣	1.45	0.70	6.6	24.9	20.5
鱼粉	5.32	2.65	6.8	79.8	13.5
肉骨粉	2.00	0.80			
血粉	8.08	1.74	7.4	23.4	6.1
蚕蛹粉	3.96	1.18	21.0	212.5	14.5
全脂奶粉	2.48	1.35	11.7	41.0	2.2
脱脂奶粉	2.48	1.35	11.7	41.0	2.2
玉米	0.22	0.20	4.7	16.5	4.9
大麦	0.33	0.25	8.7	22.7	30.7
燕麦	0.32	0.29	15.9	31.7	36.4
小麦	0.32	0.36	8.7	22.7	30.7
麦麸	0.56	0.75	17.6	60.4	107.8
黑麦	0.42	0.36	6.8	31.8	55.0
荞麦	0.69	0.33	5.8	22.9	19.8
元麦	0.58	0.56	5.8	19.6	8.6
高粱	2.20	0.21	1.3	11.9	15.7
青稞	0.26	0.16	10.4	35.8	18.3
谷子	0.22	0.42	17.6	32.7	29.1
糜子	0.15	0.28	11.2	57.7	117.4
稻谷	0.37	0.36	3.9	19.2	42.0
碎米	0.42	0.44	4.7	15.9	22.2
米糠	0.68	0.60	8.5	40.5	57.4
米糠饼	0.98	0.78	10.7	60.8	115.0
田菁饼	1.36	0.55	13.0	34.0	21.4
苜蓿粉（优）	0.90	0.51	10.3	21.1	32.1
苜蓿粉（差）	0.60	0.44	18.5	17.0	29.0
红三叶草	0.35	0.24	21.0	46.0	69.0
红豆草	0.45	0.23	4.0	20.0	22.5
狗牙根	0.74	0.18			
燕麦秸	0.18	0.26	9.8		29.3

（续）

饲料名称	赖氨酸（%）	含硫氨基酸（%）	铜（毫克／千克）	锌（毫克／千克）	锰（毫克／千克）
小冠花	0.30	0.09	4.1	4.7	162.5
箭筈豌豆	0.54	0.15	1.2	22.7	14.9
草木樨	0.54	0.25	8.8	27.5	38.5
沙打旺	0.70	0.09	6.7	14.6	66.2
无芒麦雀	0.35	0.23	4.3	12.1	131.3
青草粉	0.32	0.13	13.6	60.2	52.3
松针粉	0.39	0.16			
麦芽根	0.71	0.43	20.0	971.0	256.0
大豆秸	0.33	0.13	9.6	23.4	32.5
玉米秸	0.21	0.24	8.6	20.0	33.5
南瓜粉	0.26	0.12			
葵花盘	0.27	0.18	2.5	7.3	26.3
谷糠	0.13	0.14	7.6	36.5	70.5
糜糠	0.26	0.27	3.1	14.6	23.1
蚕沙	0.36	0.19	8.6	29.7	79.1
槐树叶	0.69	0.18	9.2	15.9	65.5

表4-4 常用矿物质饲料添加剂中的元素含量（%）

名　　称	化学式	微量元素含量
钙		
碳酸钙	$CaCO_3$	Ca：40
石灰石粉	$CaCO_3$	Ca：33～39
贝壳粉		Ca：36
蛋壳粉		Ca：34
硫酸钙	$CaSO_4 \cdot 2H_2O$	Ca：23.3
白云石		Ca：24
葡萄糖酸钙	$Ca(C_6H_{11}O_7)_2 \cdot H_2O$	Ca：8.5
乳酸钙	$CaC_6H_{10}O_6$	Ca：13～18
云解石	$CaCO_3$	Ca：33
白垩石	$CaCO_3$	Ca：33

（续）

名　称	化学式	微量元素含量
磷		
磷酸二氢钠	NaH_2PO_4	P：25.8
磷酸氢二钠	Na_2HPO_4	P：21.81
磷酸二氢钾	KH_2PO_4	P：28.5
钙、磷		
磷酸氢钙	$CaHPO_4 \cdot 2H_2O$	Ca：23.2　P：18
磷酸一钙	$CaH_4(PO_4)_2 \cdot H_2O$	Ca：15.9　P：24.6
磷酸三钙	$Ca_3(PO_4)_2$	Ca：38.7　P：20
蒸骨粉		Ca：24～30　P：10～15
铁		
硫酸亚铁（7个结晶水）	$FeSO_4 \cdot 7H_2O$	Fe：20.1
硫酸亚铁（1个结晶水）	$FeSO_4 \cdot H_2O$	Fe：32.9
硫酸亚铁（1个结晶水）	$FeSO_3 \cdot H_2O$	Fe：41.7
碳酸亚铁	$FeCO_3$	Fe：48.2
氯化亚铁（4个结晶水）	$FeCl_2 \cdot 4H_2O$	Fe：28.1
氯化铁（6个结晶水）	$FeCl_3 \cdot 6H_2O$	Fe：20.7
氯化铁	$FeCl_3$	Fe：34.4
柠檬酸铁	$Fe(NH_3)C_6H_8O_7$	Fe：21.1
葡萄糖酸铁	$C_{12}H_{22}FeO_{14}$	Fe：12.5
磷酸铁	$FePO_4$	Fe：37.0
焦磷酸铁	$Fe_4(P_2O_7)_3$	Fe：30.0
硫酸亚铁	$FeSO_4$	Fe：36.7
硫酸亚铁（4个结晶水）	$Fe(C_2H_3O_2)_2 \cdot 4H_2O$	Fe：22.7
氧化铁	Fe_2O_3	Fe：69.9
氧化亚铁	FeO	Fe：77.8
铜		
硫酸铜	$CuSO_4$	Cu：39.8
硫酸铜（5个结晶水）	$CuSO_4 \cdot 5H_2O$	Cu：25.5
碳酸铜（碱式，1个结晶水）	$CuSO_3 \cdot Cu(OH)_2 \cdot H_2O$	Cu：53.2
碳酸铜（碱式）	$CuSO_3 \cdot Cu(OH)_2$	Cu：57.5

（续）

名　称	化学式	微量元素含量
氢氧化铜	$Cu(OH)_2$	Cu：65.2
氯化铜（绿色）	$CuCl_2 \cdot 2H_2O$	Cu：37.3
氯化铜（白色）	$CuCl_2$	Cu：64.2
氯化亚铜	$CuCl$	Cu：64.1
葡萄糖酸铜	$C_{12}H_{22}CuO_4$	Cu：1.4
正磷酸铜	$Cu_3(PO_4)_2$	Cu：50.1
氧化铜	CuO	Cu：79.9
碘化亚铜	CuI	Cu：33.4
锌		
碳酸锌	$ZnCO_3$	Zn：52.1
硫酸锌（7个结晶水）	$ZnSO_4 \cdot 7H_2O$	Zn：22.7
氧化锌	ZnO	Zn：80.3
氯化锌	$ZnCl_2$	Zn：48.0
醋酸锌	$Zn(C_2H_2O_2)_2$	Zn：36.1
硫酸锌（1个结晶水）	$ZnSO_4 \cdot H_2O$	Zn：36.4
硫酸锌	$ZnSO_4$	Zn：40.5
硒		
亚硒酸钠（5个结晶水）	$NaSeO_3 \cdot 5H_2O$	Se：30.0
硒酸钠（10个结晶水）	$Na_2SeO_4 \cdot 10H_2O$	Se：21.4
硒酸钠	Na_2SeO_4	Se：41.8
亚硒酸钠	Na_2SeO_3	Se：45.7
碘		
碘化钾	KI	I：76.5
碘化钠	NaI	I：84.7
碘酸钾	KIO_3	I：59.3
碘酸钠	$NaIO_3$	I：64.1
碘化亚铜	CuI	I：66.7
碘酸钙	$Ca(IO_3)_2$	I：65.1
高碘酸钙	$Ca(IO_4)_2$	I：60.1
二碘水杨酸	$C_7H_4I_2O_3$	I：65.1

（续）

名　称	化学式	微量元素含量
二氢碘化乙二胺	$C_2H_3N_2 \cdot 2HI$	I：80.3
百里碘酚	$C_{20}H_{24}I_2O_2$	I：46.1
钴		
醋酸钴	$Co\,(C_2H_3O_2)_2$	Co：33.3
碳酸钴	$CoCO_3$	Co：49.6
氯化钴	$CoCl_2$	Co：45.3
氯化钴（5个结晶水）	$CoCl_2 \cdot 5H_2O$	Co：26.8
硫酸钴	$CoSO_4$	Co：38.0
氧化钴	CoO	Co：78.7
硫酸钴（7个结晶水）	$CoSO_4 \cdot 7H_2O$	Co：21.0
锰		
硫酸锰（5个结晶水）	$MnSO_4 \cdot 5H_2O$	Mn：22.8
硫酸锰	$MnSO_4$	Mn：36.4
碳酸锰	$MnCO_3$	Mn：47.8
氧化锰	MnO	Mn：77.4
二氧化锰	MnO_2	Mn：63.2
氯化锰（4个结晶水）	$MnCl_2 \cdot 4H_2O$	Mn：27.8
氯化锰	$MnCl_2$	Mn：43.6
醋酸锰	$Mn\,(C_2H_3O_2)_2$	Mn：31.8
柠檬酸锰	$Mn_3\,(C_6H_5O_7)_2$	Mn：30.4
葡萄糖酸锰	$C_{12}H_{22}MnO_{14}$	Mn：12.3
正磷酸锰	$Mn_3\,(PO_4)_2$	Mn：46.4
磷酸锰	$MnHPO_4$	Mn：36.4
硫酸锰（1个结晶水）	$MnSO_4 \cdot H_2O$	Mn：32.5
硫酸锰（4个结晶水）	$MnSO_4 \cdot 4H_2O$	Mn：21.6

3.**饲养标准**　家兔饲养标准，也叫营养需要量。它是通过长期试验研究，给不同品种、不同生理状态下、不同生产目的和生产水平的家兔，科学地规定出每只应当喂给的能量及各种营养物质的数量和比例，这种按家兔不同情况规定的营养指标，就称为饲养标准。饲养标准是设计饲

料配方的依据，它包括能量、蛋白质、氨基酸、粗纤维、矿物质、维生素等指标的需要量，并且通常以每千克饲粮的含量和百分数表示。

国外对家兔营养需要量研究较多的国家有法国、德国、西班牙、匈牙利、美国和前苏联，我国进入20世纪80年代后才开始研究毛兔和肉兔的营养需要量。现将我国及世界养兔研究较先进国家及著名学者提出的家兔饲养标准介绍如下。

（1）南京农业大学等单位推荐的家兔饲养标准　见表4-5。

表4-5　建议营养供给量

营养成分	生长兔		妊娠兔	哺乳兔	成年产毛兔	生长育肥兔
	3～12周龄	12周龄后				
消化能（兆焦/千克）	12.12	10.45～11.29	10.45	10.87～11.29	10.03～10.87	12.12
粗蛋白质（%）	18	16	15	18	14～16	16～18
粗纤维（%）	8～10	10～14	10～14	10～12	10～14	8～10
粗脂肪（%）	2～3	2～3	2～3	2～3	2～3	2～5
钙（%）	0.9～1.1	0.5～0.7	0.5～0.7	0.8～1.1	0.5～0.7	1.0
磷（%）	0.5～0.7	0.3～0.5	0.3～0.5	0.5～0.8	0.3～0.5	0.5
铜（毫克/千克）	15	15	10	10	10	20
铁（毫克/千克）	100	50	50	100	50	100
锰（毫克/千克）	15	10	10	10	10	15
锌（毫克/千克）	70	40	40	40	40	40
镁（毫克/千克）	300～400	300～400	300～400	300～400	300～400	300～400
碘（毫克/千克）	0.2	0.2	0.2	0.2	0.2	0.2
赖氨酸（%）	0.9～1.0	0.7～0.8	0.7～0.9	0.8～1.0	0.5～0.7	1.0
胱氨酸+蛋氨酸（%）	0.7	0.6～0.7	0.6～0.7	0.6～0.7	0.6～0.7	0.4～0.6
精氨酸（%）	0.8～0.9	0.6～0.8	0.6～0.8	0.6～0.8	0.6	0.6
食盐（%）	0.5	0.5	0.5	0.5～0.7	0.5	0.5

（续）

营养成分	生长兔		妊娠兔	哺乳兔	成年产毛兔	生长育肥兔
	3 ~ 12周龄	12周龄后				
维生素A（国际单位/千克）	6 000 ~ 10 000	6 000 ~ 10 000	6 000 ~ 10 000	8 000 ~ 10 000	6 000	8 000
维生素D（国际单位/千克）	1 000	1 000	1 000	1 000	1 000	1 000

（2）中国农业科学院兰州畜牧研究所推荐的肉兔饲养标准　见表4-6。

表4-6　肉兔饲养标准

项　目	生长兔	妊娠母兔	哺乳母兔及仔兔	种公兔
消化能（兆焦/千克）	10.46	10.46	11.30	10.04
粗蛋白质（%）	15 ~ 16	15	18	18
蛋能比（克/兆焦）	14 ~ 15	14	16	18
钙（%）	0.5	0.8	1.1	—
磷（%）	0.3	0.5	0.8	—
钾（%）	0.8	0.9	0.9	—
钠（%）	0.4	0.4	0.4	—
氯（%）	0.4	0.4	0.4	—
含硫氨基酸（%）	0.5	—	0.6	—
赖氨酸（%）	0.66	—	0.75	—
精氨酸（%）	0.9	—	0.8	—
苏氨酸（%）	0.55	—	0.70	—
色氨酸（%）	0.18	—	0.22	—
组氨酸（%）	0.35	—	0.43	—
苯丙氨酸+酪氨酸（%）	1.20	—	1.40	—
缬氨酸（%）	0.70	—	0.85	—
亮氨酸（%）	1.05	—	1.25	—

（3）中国农业科学院兰州畜牧研究所推荐的长毛兔饲养标准　见表4-7、表4-8。

表4-7 长毛兔饲粮营养成分

项 目	幼兔（断奶至3月龄）	青年兔	妊娠母兔	哺乳母兔	产毛兔	种公兔
消化能（兆焦/千克）	10.45	10.03 ~ 10.45	10.03	10.87	9.82	10.03
粗蛋白质（%）	16	15 ~ 16	16	18	15	17
可消化粗蛋白质（%）	12	10 ~ 11	11.5	13.5	10.5	13
粗纤维（%）	14	16 ~ 17	15	13	17	16 ~ 17
蛋能比（克/兆焦）	11.48	10.77	11.48	12.44	11.00	12.68
钙（%）	1.0	1.0	1.0	1.2	1.0	1.0
磷（%）	0.5	0.5	0.5	0.8	0.5	0.5
铜（毫克/千克）	20 ~ 200	20	10	10	30	10
锌（毫克/千克）	50	50	70	70	50	70
锰（毫克/千克）	30	30	50	50	30	50
含硫氨基酸（%）	0.6	0.6	0.8	0.8	0.8	0.6
赖氨酸（%）	0.7	0.65	0.7	0.9	0.5	0.6
精氨酸（%）	0.6	0.6	0.7	0.9	0.6	0.6
维生素A（国际单位/千克）	8 000	8 000	8 000	10 000	6 000	12 000
胡萝卜素（毫克/千克）	0.83	0.83	0.83	1.0	0.6	1.2

表4-8 长毛兔每日营养需要量

类 别	体重（千克）	日增重（克）	颗粒料采食量（克）	消化能（千焦耳）	粗蛋白质（克）	可消化粗蛋白质（克）
断奶至3月龄	0.5	20	60 ~ 80	493.24	10.1	7.8
		35		581.20	11.7	9.1
		30		668.80	13.3	10.4
	1.0	20	70 ~ 100	739.86	12.4	9.3
		25		827.64	14.0	10.3
		30		915.42	15.6	11.8
	1.5	20	95 ~ 110	990.66	14.7	10.7
		25		1 078.44	16.3	12.0
		30		1 166.22	17.9	13.3

（续）

类　别	体重 （千克）	日增重 （克）	颗粒料采 食量（克）	消化能 （千焦耳）	粗蛋白质 （克）	可消化粗蛋 白质（克）
青年兔	2.5	10	115	1 546.60	23	16
		15		1 613.48	24	17
	3.0	10	160	1 588.40	25	17
		15		1 655.28	26	18
	3.5	10	165	1 630.20	27	18
		15		1 697.06	28	19
妊娠母兔，平均每窝产仔6只，每天产毛2克	3.5～4.0	母兔不少于2	不低于165	1 672.00	27	19
哺乳母兔，每窝哺仔5～6只，每天产毛2克	3.5	3	不低于210	2 215.40	36	27
	4.0	3		2 319.90		
产毛兔，每天产毛2～3克	3.5～4.0	3	150	1 463.00	23	16
种公兔，配种期，每天产毛2克	3.5	3	150	1 463.00	26	19

（4）法国农业科学研究院（INRA）1984年公布的家兔营养需要量　见表4-9。

表4-9　法国家兔营养需要量

营养物质	生长兔	哺乳兔	妊娠兔	维持	母仔混养
消化能（兆焦/千克）	10.40	10.88	10.46	9.21	10.46
代谢能（兆焦/千克）	10.00	10.46	10.05	8.87	10.05
脂肪（%）	3	3	3	3	3
粗纤维（%）	14	12	14	15～16	14
难消化粗纤维（%）	11	10	12	13	11
粗蛋白质（%）	16	18	16	13	17
赖氨酸（%）	0.65	0.90	—	—	0.75
含硫氨基酸（%）	0.60	0.60	—	—	0.60
色氨酸（%）	0.13	0.15	—	—	0.15
苏氨酸（%）	0.55	0.70	—	—	0.60

（续）

营养物质	生长兔	哺乳兔	妊娠兔	维持	母仔混养
亮氨酸（%）	1.05	1.25	—	—	1.20
异亮氨酸（%）	0.60	0.70	—	—	0.65
缬氨酸（%）	0.70	0.85	—	—	0.80
组氨酸（%）	0.35	0.43	—	—	0.40
精氨酸（%）	0.90	0.80	—	—	0.90
苯丙氨酸＋酪氨酸（%）	1.20	1.40	—	—	1.25
钙（%）	0.50	1.10	0.80	0.40	1.10
磷（%）	0.30	0.70	0.50	0.30	0.70
钠（%）	0.30	0.30	0.30	—	0.30
钾（%）	0.60	0.90	0.90	—	0.90
氯（%）	0.30	0.30	0.30	—	0.30
镁（%）	0.03	0.04	0.04	—	0.04
硫（%）	0.04	—	—	—	0.04
铁（毫克/千克）	50	100	50	50	100
铜（毫克/千克）	5	5	—	—	5
锌（毫克/千克）	50	70	70	—	70
锰（毫克/千克）	8.5	2.5	2.5	2.5	2.5
钴（毫克/千克）	0.1	0.1	—	—	0.1
碘（毫克/千克）	0.2	0.2	0.2	0.2	0.2
氟（毫克/千克）	0.5	—	—	—	0.5
维生素A（国际单位/千克）	6 000	12 000	12 000	6 000	10 000
维生素D（国际单位/千克）	900	900	900	900	900
维生素E（国际单位/千克）	50	50	50	50	50
维生素K（国际单位/千克）	0	2	2	0	2
硫胺素（毫克/千克）	2	—	0	0	2
核黄素（毫克/千克）	6	—	0	0	4
泛酸（毫克/千克）	20	—	0	0	20
吡哆醇（毫克/千克）	2	—	0	0	2
维生素B_{12}（毫克/千克）	0.01	0	0	0	0.01
烟碱酸（毫克/千克）	50	—	—	—	50
叶酸（毫克/千克）	5	—	0	0	5
生物素（毫克/千克）	0.2	—	—	—	0.2

（5）著名的法国营养学家F. Lebas推荐的饲养标准　见表4-10。

表4-10　F. Lebas推荐的饲养标准

营养成分	4～12周龄 生长兔	空怀母兔 （包括公兔）	妊娠兔	泌乳兔	育肥兔
消化能（兆焦/千克）	10.46	9.20	10.46	11.3	10.46
代谢能（兆焦/千克）	10.00	8.66	10.00	10.88	10.00
粗蛋白质（%）	15	18	18	18	17
粗纤维（%）	14	15～16	14	12	14
非消化粗纤维（%）	12	13	12	10	12
粗脂肪（%）	3	3	3	5	3
钙（%）	0.5	0.6	0.8	1.1	1.1
磷（%）	0.3	0.4	0.5	0.8	0.8
钾（%）	0.8	—	0.9	0.9	0.9
钠（%）	0.4	—	0.4	0.4	0.4
氯（%）	0.4	—	0.4	0.4	0.4
镁（%）	0.03	—	0.04	0.04	0.04
硫（%）	0.04	—	—	—	0.04
钴（毫克/千克）	1	—	—	—	1
铜（毫克/千克）	5	—	—	—	5
锌（毫克/千克）	50	—	70	70	70
铁（毫克/千克）	50	50	50	50	50
锰（毫克/千克）	8.5	2.5	2.5	2.5	8.5
碘（毫克/千克）	0.2	0.2	0.2	0.2	0.2
含硫氨基酸（%）	0.5	—	—	0.6	0.55
赖氨酸（%）	0.6	—	—	0.75	0.7
精氨酸（%）	0.9	—	—	0.8	0.9
苏氨酸（%）	0.55	—	—	0.8	0.9
色氨酸（%）	0.18	—	—	0.22	0.2
组氨酸（%）	0.35	—	—	0.43	0.4
异亮氨酸（%）	0.6	—	—	0.7	0.65
苯丙氨酸+酪氨酸（%）	1.2	—	—	1.4	1.25
缬氨酸（%）	0.7	—	—	0.85	0.8
亮氨酸（%）	1.5	—	—	1.25	1.2
维生素A（国际单位/千克）	6 000	—	12 000	12 000	10 000
胡萝卜素（毫克/千克）	0.83	—	0.83	0.83	0.83

（续）

营养成分	4～12周龄生长兔	空怀母兔（包括公兔）	妊娠兔	泌乳兔	育肥兔
维生素D（国际单位/千克）	900	—	900	900	900
维生素E（毫克/千克）	50	50	50	50	50
维生素K（毫克/千克）	—	—	2	2	2
维生素C（毫克/千克）	—	—	—	—	—
维生素B$_1$（毫克/千克）	2	—	—	—	2
维生素B$_2$（毫克/千克）	6	—	—	—	4
维生素B$_6$（毫克/千克）	40	—	—	—	2
维生素B$_{12}$（毫克/千克）	0.01	—	—	—	—
叶酸（毫克/千克）	1	—	—	—	—
泛酸（毫克/千克）	20	—	—	—	—

（6）德国 W. Scholaut 推荐的饲养标准　见表4-11。

表4-11　家兔混合料营养推荐量（风干饲料）

营养成分	育肥兔	繁殖兔	产毛兔
消化能（兆焦/千克）	12.14	10.89	9.63～10.89
粗蛋白质（%）	16～18	15～17	15～17
粗纤维（%）	9～12	10～14	14～16
粗脂肪（%）	3～5	2～4	2
钙（%）	1.0	1.0	1.0
磷（%）	0.5	0.5	0.3～0.5
镁（毫克/千克）	300	300	300
氯化钠（%）	0.5～0.7	0.5～0.7	0.5
钾（%）	1.0	0.7	0.7
铜（毫克/千克）	20～200	10	10
铁（毫克/千克）	100	50	50
锰（毫克/千克）	30	30	30
锌（毫克/千克）	50	50	50
赖氨酸（%）	1.0	1.0	0.5
蛋氨酸+胱氨酸（%）	0.4～0.6	0.7	0.7
精氨酸（%）	0.6	0.6	0.6
维生素A（国际单位/千克）	8 000	8 000	6 000

（续）

营养成分	育肥兔	繁殖兔	产毛兔
维生素D（国际单位/千克）	1 000	800	500
维生素E（国际单位/千克）	40	40	20
维生素K（国际单位/千克）	1	2	1
胆碱（毫克/千克）	1 500	1 500	1 500
烟酸（毫克/千克）	50	50	50
吡哆醇（毫克/千克）	400	300	300
生物素（毫克/千克）	—	—	25

（7）美国NRC推荐的家兔饲养标准 见表4-12。

表4-12 家兔饲养标准（自由采食）

营养成分	生长	维持	妊娠	泌乳
消化能（兆焦/千克）	10.46	8.78	10.46	10.46
总可消化养分（%）	65	55	58	70
粗蛋白质（%）	16	12	15	17
粗纤维（%）	10 ~ 12	14	10 ~ 12	10 ~ 12
粗脂肪（%）	2	2	2	2
钙（%）	0.4	—	0.45	0.75
磷（%）	0.22	—	0.37	0.5
钾（%）	0.6	0.6	0.6	0.6
钠（%）	0.2	0.2	0.2	0.2
氯（%）	0.3	0.3	0.3	0.3
镁（毫克/千克）	300 ~ 400	300 ~ 400	300 ~ 400	300 ~ 400
铜（毫克/千克）	3	3	3	3
碘（毫克/千克）	0.2	0.2	0.2	0.2
锰（毫克/千克）	8.5	2.5	2.5	2.5
赖氨酸（%）	0.65	—	—	—
蛋氨酸+胱氨酸（%）	0.6	—	—	—
精氨酸（%）	0.6	—	—	—
组氨酸（%）	0.3	—	—	—
亮氨酸（%）	1.1	—	—	—

（续）

营养成分	生长	维持	妊娠	泌乳
异亮氨酸（%）	0.6	—	—	—
苯丙氨酸+酪氨酸（%）	1.1	—	—	—
苏氨酸（%）	0.6	—	—	—
色氨酸（%）	0.2	—	—	—
缬氨酸（%）	0.7	—	—	—
维生素A（国际单位/千克）	500	—	—	—
维生素E（毫克/千克）	40	—	40	40
维生素K（毫克/千克）	—	—	0.2	—

（8）山西省农业科学院畜牧兽医研究所任克良等推荐的獭兔饲养标准　山西省农业科学院畜牧兽医研究所任克良等根据自己完成的"皮用兔饲养标准及预混料研究"课题研究成果，参考其他研究结果，提出"皮用兔推荐饲养标准"（表4-13至表4-16），仅供参考。

表4-13　山西省农业科学院畜牧兽医研究所任克良等
推荐的皮用兔饲养标准（一）

项　目	妊娠母兔	哺乳母兔及仔兔	生　长　兔		空怀母兔
			断奶至3月龄	青年兔（3月龄至取皮）	
消化能（兆焦/千克）	10.47	11.0	11.3	10.3	10.46
粗蛋白（%）	17.5	19.0	19	16	16
粗纤维（%）	14.6	13.0	11～12	16～18	16～18
含硫氨基酸（%）	0.8	0.87	0.87	0.65	0.65
赖氨酸（%）	0.6	0.6	1.0	0.6	0.6
钙（%）	1.0	1.2	1.0	1.0	1.0
磷（%）	0.5	0.8	0.5	0.5	0.5
食盐（%）	0.3	0.5	0.5	0.5	0.5

其他营养元素需要量参考F. Lebas推荐的标准。

表4-14　生长獭兔（断奶至出栏）日供饲料量（g/d）

断奶后周龄	日供饲料量（DE11.0 兆焦／千克,CP19%）	断奶后周龄	日供饲料量（DE11.0 兆焦／千克,CP19%）
1	75	9	110
2	100	10	120
3	100	11	130
4	120	12	120
5	120	13	125
6	120	14	135
7	115	15	135
8	110	16	130

表4-15　青年獭兔日供饲料量（3月龄至出栏）（g/d）

3月龄后周龄	日均采食量（DE10.5兆焦／千克,CP19.3%）	日均采食量（DE10.3兆焦／千克,CP16%）
1	125	125
2	145	145
3	130	130
4	130	130
5	140	140
6	125	130
7	130	130

表4-16　成年獭兔日供饲料量

生理阶段	日均采食量
空怀母兔（DE10.46兆焦/千克，CP16%）	170克
妊娠母兔（DE10.46兆焦/千克，CP17.5%）	妊娠前期（20天）170克；妊娠后期190克
哺乳母兔及仔兔（DE11兆焦/千克，CP19%）	产仔前3天、产后3天150～170克；产后第4天逐步增加饲喂量，至自由采食

　　使用家兔饲养标准应注意的问题：①因地制宜，灵活应用。②应用饲养标准时，必须与实际饲养效果相结合。根据使用效果进行适当调整，

以求饲养标准更接近于准确。③饲养标准本身不是一个永恒不变的指标，它是随着科学研究的深入和生产水平的提高，不断地进行修订、充实和完善的。

4.饲料配方设计的方法　饲料配方设计方法有计算机法和手工计算法。

（1）计算机法　计算机法是根据线性规划原理，在规定多种条件的基础上，筛选出最低成本的饲粮配方，它可以同时考虑几十种营养指标，运算速度快、精度高，是目前最先进的方法。目前市场上有许多畜禽优化饲粮配方的计算机软件可供选择，可直接用于生产。

（2）手工计算法　手工计算法分为交叉法、联立方程法和试差法，其中试差法是目前普遍采用的方法。试差法又称凑数法，是目前大、中型兔场普遍采用的方法之一。其具体方法是：首先根据经验初步拟出各种饲料原料的大致比例，然后用各自的比例去乘该原料所含的各种养分的百分含量，再将各种原料的同种养分之积相加，即得到该配方每种养分的总量；将所得结果与饲养标准进行对照，若有任一养分超过或不足时，可通过减少或增加相应的原料比例进行调整和重新计算，直至所有的营养指标都基本满足要求为止。这种方法考虑营养指标有限，计算量大，盲目性较大，不易筛选出最佳配方，不能兼顾成本。但由于简单易学，因此这种方法应用广泛。

设计家兔饲料配方的几点体会：

①初拟配方时，先将食盐、矿物质、预混料等原料的用量确定。

②对所用原料的营养特点要有一定了解，确定有毒素、营养抑制因子等原料的用量。质量低的动物性蛋白饲料最好不用，因为其造成危害的可能性很大。

③调整配方时，先以能量、粗蛋白质、粗纤维为目标进行，然后考虑矿物质、氨基酸等。

④矿物质不足时，先以含磷高的原料满足磷的需要，再计算钙的含量，不足的钙以低磷高钙的原料（如贝壳粉、石粉）补足。

⑤氨基酸不足时，以合成氨基酸补充，但要考虑氨基酸产品的含量和效价。

⑥计算配方时，不必过于拘泥于饲养标准。饲养标准只是一个参考值，原料的营养成分也不一定是实测值，用试差法手工计算完全达到饲养标准是不现实的，应力争使用计算机优化系统。

⑦配方营养浓度应稍高于饲养标准，一般确定一个最高的超出范围，如1%或2%。

⑧添加的抗球虫等药物，要轮换使用，以防产生抗药性。禁止使用马杜拉霉素等易中毒的添加剂。

5.配合饲料生产流程　基本生产流程见图4-25。

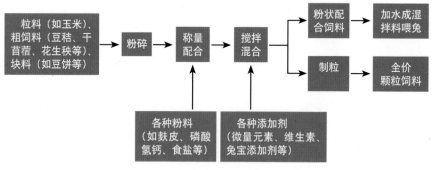

图4-25　兔全价颗粒饲料基本生产流程

6.典型饲料配方

（1）山西省农业科学院畜牧兽医研究所实验兔场饲料配方　见表4-17。

表4-17　山西省农业科学院畜牧兽医研究所实验兔场饲料配方（%）

项　目	仔兔诱食料	生长兔		空怀母兔	公兔	哺乳母兔
		肉兔	獭兔、毛兔			
饲料原料						
草粉	19.0	34.0	34.0	40.0	40.0	37.0
玉米	29.0	24.0	24.0	21.5	21.0	23.0
小麦麸	30.0	24.5	23.3	22.0	22.0	22.0
豆饼	14.0	12.0	12.0	10.5	10.5	12.3
葵花籽饼	5.0	4.0	4.0	4.5	4.5	4.0
鱼粉	1.0	—	1.0	—	1.5	—
蛋氨酸	0.1	—	0.1	—	—	—
赖氨酸	0.1	—	0.1	—	—	—
磷酸氢钙	0.7	0.6	0.6	0.6	0.6	0.7

（续）

项　目	仔兔诱食料	生长兔		空怀母兔	公兔	哺乳母兔
		肉兔	獭兔、毛兔			
贝壳粉	0.7	0.6	0.6	0.6	0.6	0.7
食盐	0.4	0.3	0.3	0.3	0.3	0.3
兔宝系列 添加剂	0.5 （兔宝Ⅰ号）	0.5 （兔宝Ⅰ号）	0.5 （兔宝Ⅱ号 或Ⅳ号）	0.5 （兔宝Ⅱ号）	0.5 （兔宝Ⅱ号）	0.5 （兔宝Ⅱ号）
多维素	适量	适量	适量	适量	适量	适量
营养水平	生长兔饲料配方：粗蛋白质17%，粗脂肪1.6%，粗纤维13%，灰分7.9%，属中等营养水平					
饲喂效果	肉用生长兔：断奶至体重达2 200克，日增重30克，料重比3∶1；獭兔生长兔：90～100日龄体重达2 100克；繁殖母兔发情正常，受胎率高					

注：1.夏、秋季每兔日喂青苜蓿或菊苣50～100克，冬季日喂胡萝卜50～100克；

2.兔宝系列添加剂系山西省畜牧兽医研究所实验兔场科研成果，兔宝Ⅰ号适用于仔兔、幼兔，可提高日增重20%，有效预防兔球虫病、腹泻及呼吸道疾病；兔宝Ⅱ号适用于青年兔、繁殖兔；兔宝Ⅲ号、Ⅳ号分别适用于产毛兔和产皮兔；

3.草粉种类有青干草、豆秸、玉米秸秆、谷草、苜蓿粉、花生壳等，草粉种类不同，饲料配方相应调整。

（2）中国农业科学院兰州畜牧研究所推荐的肉兔饲料配方　见表4-18。

表4-18　中国农业科学院兰州畜牧研究所推荐的肉兔饲料配方

项　目	生长兔			妊娠母兔	哺乳母兔及仔兔		种公兔	
	配方1	配方2	配方3		配方1	配方2	配方1	配方2
饲料原料								
苜蓿草粉（%）	36	35.3	35	35	30.5	29.5	49	40
麸皮（%）	11.2	6.7	7	7	3	4	15	15
玉米（%）	22	21	21.5	21.5	30	29	17	12
大麦（%）	14	—	—	10	—	—	—	—
燕麦（%）	—	20	22.1	22.1	—	14.7	—	14
豆饼（%）	11.5	12	9.8	9.8	17.5	14.8	15	15
鱼粉（%）	0.3	1	0.6	0.6	4	4	3	3
食盐（%）	0.2	0.2	0.2	0.2	0.2	0.2	0.2	0.2

（续）

项　目	生长兔			妊娠母兔	哺乳母兔及仔兔		种公兔	
	配方1	配方2	配方3		配方1	配方2	配方1	配方2
石粉（%）	2.8	1.8	1.8	1.8	2	1.8	0.8	0.8
骨粉（%）	2	2	2	2	2.8	2	—	—
日粮营养价值								
消化能（兆焦/千克）	10.46	10.46	10.46	10.46	11.3		9.79	10.29
粗蛋白质（%）	15	16	15	15	18		18	18
粗纤维（计算值）（%）	15	16	16	16	12.8	12	19	—
添加								
蛋氨酸（%）	0.14	0.11	0.14	0.12	—	—	—	—
多维素（%）	0.01	0.01	0.01	0.01	0.01	0.01	0.01	0.01
硫酸铜（毫克/千克）	50	50	50	50	50	50	50	50
氯苯胍	160片/50千克饲料，妊娠兔日粮中不加，公兔定期加入							

（3）长毛兔饲料配方（新昌县长毛兔研究所）　见表4-19。

表4-19　长毛兔饲料配方

原料	1	2	3	4	5	6	7	8	9	10
豆粕	13	8	10	6	6	2	5		10	7
菜饼		4		2	2	2	2	2		2
麻饼					2		2	2		2
黄豆						10	5	2		
蚕蛹	1.5						1		1	
酵母	1	1					1		1	1
鱼粉		1							1	2
玉米	12	8.5	20	10		6	10		15	12
四号粉	6	4		10						
稻谷						6		9		
大麦					10		10			
小麦					15					
番薯丝					10			5		
麦皮	20	23	32	20	20	20	15	20	20	15
米糠							8	5		

（续）

原料	1	2	3	4	5	6	7	8	9	10
麦根	5	8		20				10	15	10
草粉	10	10					5	17	8	10
松针粉	4	5				5		5		3
稻草粉	4.5	5				5	6			8
葛藤粉					15					
花生秧			35				10			
清糠	20	20				25	17	15	25	10
三七糠				30	33					15
蚕沙						2				
骨粉			2				2			2
贝壳粉	1	1		1.4	1.4	1.4		1.5	2.0	
微量元素	1.0	0.5	0.4				0.4			
蛋氨酸	0.3	0.3	0.2	0.2	0.2	0.2	0.2	0.2	0.3	0.3
赖氨酸	0.3	0.3							0.3	0.3
盐	0.4	0.4	0.4	0.4	0.4	0.4	0.4	0.4	0.4	0.4

（4）云南省农业科学院畜牧兽医研究所兔场饲料配方　见表4-20。

表4-20　云南省农业科学院畜牧兽医研究所兔场饲料配方

	仔兔料	毛、皮用成兔料	肉用成兔料
饲料原料			
苕子青干草粉（%）	18	20	20
玉米（%）	40	36	40
麦麸（%）	18	18	20
秘鲁鱼粉（%）	4	3.5	2.5
豆饼（%）	12	11	9
花生饼（%）	5	8	5
骨粉（%）	2	2	2
食盐（%）	—	0.5	0.5
矿物质添加剂（%）	1	1	1
蛋氨酸（%）	0.15	0.15	—
赖氨酸（%）	0.1	0.1	—

（续）

营养水平	仔兔料	毛、皮用成兔料	肉用成兔料
消化能（兆焦／千克）	10.88	10.51	10.55
粗蛋白质（%）	18.91	18.91	17.02
粗脂肪（%）	3.56	3.50	3.50
粗纤维（%）	7.59	8.13	8.06
钙（%）	1.07	1.08	1.04
磷（%）	0.81	0.80	0.77
赖氨酸（%）	0.75	0.75	0.63
蛋氨酸+胱氨酸（%）	0.48	0.48	0.43

注：1.各种家兔日喂混合精料（颗粒或粉料）2次，另加喂青草2次。青草成兔日喂400克，仔兔日喂50克。

2.各品种母兔在怀孕后期日补精料1次。

3.毛兔、皮兔的生产和繁殖性能良好；肉兔保持中等体况，不肥胖，繁殖正常。

（5）江苏省金陵种兔场饲料配方　见表4-21。

表4-21　江苏省金陵种兔场饲料配方

饲料原料	比例（%）	营养成分	含量
花生藤粉	35	消化能（兆焦/千克）	9.46
槐叶	15	粗蛋白质（%）	16.53
玉米	10	粗纤维（%）	12.54
麸皮	24	赖氨酸（%）	0.55
豆粕	8	蛋氨酸（%）	0.65
菜籽粕	3	苏氨酸（%）	0.47
酵母	1.0	钙（%）	2.32
石粉	1.5	磷（%）	0.60
食盐	0.5		
矿物质添加剂	0.5		
蛋氨酸	0.3		
骨粉	1.2		

注：1. 此配方适用于毛兔、肉兔，包括哺乳母兔、怀孕母兔、空怀母兔、种公兔、青年

兔、后备兔及断奶仔兔；

    2.毛兔料中加入蛋氨酸，肉兔料不加；

    3.矿物质添加剂为本场自己生产；

    4.饲养效果肉兔（新西兰）91日龄达2.5千克，毛兔137日龄达2.5千克。

（6）安徽省固镇种兔场饲料配方　　见表4-22。

表4-22　安徽省固镇种兔扬饲料配方

项　　目	空怀兔	生长兔	妊娠兔	泌乳兔	产毛兔	种公兔
饲料原料						
草粉（%）	27	24	27	20	27	20
三七糠（%）	15	0	0	0	0	0
玉米（%）	4.5	8.5	7.5	8	5.5	11
大麦（%）	10	15	15	15	15	15
麸皮（%）	35	30	30	30	30	40
鱼粉（%）	0	2	0	3	2	3
豆饼（%）	8	10	11	13	10	10
菜籽饼（%）	0	8	7	8	8	0
石粉（%）	0	1.5	1.5	2	1.5	0
食盐（%）	0.5	1	1	1	1	1
营养水平						
消化能（兆焦／千克）	8.96	10.38	10.09	10.80	10.77	10.80
粗蛋白质（%）	12.35	16.11	15.01	17.82	16.04	15.50
粗纤维（%）	15.33	11.08	11.84	10.13	11.86	10.13
粗脂肪（%）	3.15	3.52	3.52	3.68	3.45	2.17
钙（%）	0.19	0.89	0.80	1.13	0.90	0.32
磷（%）	0.54	0.58	0.63	0.64	0.58	0.62
赖氨酸（%）	0.45	0.57	0.55	0.63	0.56	0.54
含硫氨基酸（%）	0.34	0.43	0.41	0.48	0.42	0.44

注：1.每千克饲料另加3.3克添加剂，其组成为硫酸铜15.54%，硫酸亚铁7.69%，硫酸锌6.81%，硫酸镁6.78%，氯化钴0.125%，亚硒酸钠0.01%，蛋氨酸10.61%，喹乙醇0.91%，克球粉1.52%。

2.长年不断青，如苜蓿、苕子、大麦苗、洋槐叶、花生秧、甘薯藤、胡萝卜、白菜等。

（7）四川省畜牧科学院兔场饲料配方 见表4-23。

表4-23 四川省畜牧科学院兔场饲料配方

原 料	比例（%）	营养成分	含量
草粉	19	消化能（兆焦/千克）	11.72
光叶紫花苕	12	粗蛋白质（%）	18.2
玉米	27	粗脂肪（%）	3.93
大麦	15	粗纤维（%）	12.2
蚕蛹	4	钙（%）	0.7
豆饼	9	磷（%）	0.48
花生饼	10	赖氨酸（%）	0.78
菜籽饼	2	蛋氨酸+胱氨酸（%）	0.68
骨粉	0.5		
食盐	0.5		
添加剂	1		

注：1.此配方适用于生长育肥兔及妊娠母兔，其他生理阶段的家兔在此基础上适当调整。

2.生长兔添加剂为自制。

3.赖氨酸和含硫氨基酸未包括添加剂中的含量。

4.本配方不仅可促进生长，保证母兔正常繁殖，经对比试验，对预防腹泻有良好作用。

（8）陕西省农业科学院畜牧兽医研究所兔场饲料配方 见表4-24。

表4-24 陕西省农业科学院畜牧兽医研究所兔场饲料配方

原 料	生长兔	泌乳兔	营养成分	生长兔	泌乳兔
粗糠（%）	5	10	消化能（兆焦/千克）	11.52	11.08
玉米（%）	35	30	粗蛋白质（%）	16.67	16.68
大麦（%）	10	10	粗脂肪（%）	3.18	3.27
麸皮（%）	31	26	粗纤维（%）	7.53	9.39
鱼粉（%）	3	0	钙（%）	1.44	1.46
豆饼（%）	5	10	磷（%）	0.63	0.63
菜籽饼（%）	7	10	赖氨酸（%）	0.90	0.78
贝壳粉（%）	3.5	3.5			
食盐（%）	0.5	0.5			
微量添加剂	适量	适量			
含硒生长素	适量	适量			

注：1.生长兔为断乳至3月龄阶段，日喂混合料50～70克，青草或青干草自由采食，日增重20克左右；

2.泌乳母兔日喂混合精料75～150克，青草或青干草自由采食；

3.缺青季节补加维生素添加剂。

（9）山西省某肉兔场饲料配方　见表4-25。

表4-25　山西省某肉兔场饲料配方

饲料种类	怀孕兔	泌乳兔	生长兔	育肥兔
干草粉（%）	19	18	23	19.5
松针粉（%）	4	4	4	4
玉米（%）	10	9	10	16
小麦（%）	11	10	7	9
麸皮（%）	35	35	30	30
豆饼（%）	11.5	14.5	17	11.5
脱毒菜籽饼（%）	3	3	3	4
脱毒棉籽饼（%）	3	3	3	3
蛋氨酸（%）	0.03	0.05	0.1	0.05
赖氨酸（%）	0.27	0.19	0.15	0.21
贝壳粉（%）	1.2	1.26	0.7	0.67
骨粉（%）	1	1	1.5	1.07
食盐（%）	0.5	0.5	0.5	0.5
兔宝添加剂（%）	0.5（兔宝Ⅱ号）	0.5（兔宝Ⅱ号）	0.5（兔宝Ⅰ号）	0.5（兔宝Ⅰ号）
多种维生素（克/100千克）	20	20	20	20

注：兔宝添加剂由山西省农业科学院畜牧兽医研究所研制生产。

（10）黑龙江省肇东市边贸局肉兔饲料配方　见表4-26。

表4-26　黑龙江省肇东市边贸局肉兔饲料配方（%）

分类	草粉	玉米	麸皮	豆饼	骨粉	食盐
中型兔、地方兔						
维持及空怀母兔	67	10	15	5	2	0.5～1
妊娠期母兔	45	12	35	5	2	0.5～1
哺乳期母兔	35	10	37	15	2	0.5～1
仔兔补料期	25	15	37	20	2	0.5～1

（续）

分　类	草粉	玉米	麸皮	豆饼	骨粉	食盐
生长期	42	10	35	10	2	0.5～1
大型兔						
妊娠期	42	14	33	8	2	0.5～1
哺乳期母兔	30	15	32	20	2	0.5～1
生长期	40	15	30	12	2	0.5～1
育肥兔	32	25	30	10	2	0.5～1

（11）山东省临沂市长毛兔研究所长毛兔饲料配方　见表4-27。

表4-27　山东省临沂市长毛兔研究所长毛兔饲料配方

项　目	仔、幼兔生长期用	青年兔、成种兔用
饲料原料		
花生秧（%）	40	46
玉米（%）	20	18.5
小麦麸（%）	16	15
大豆粕（%）	21	18
骨粉（%）	2.5	2
食盐（%）	0.5	0.5
另加		
进口蛋氨酸（%）	0.3	0.15
进口多种维生素	12克/50千克料	12克/50千克料
微量元素	按产品使用说明加量	按产品使用说明加量
营养水平		
消化能（兆焦/千克）	9.84	9.5
粗蛋白质（%）	18.03	17.18
粗纤维（%）	13.21	14.39
粗脂肪（%）	3.03	2.91
钙（%）	1.824	1.81
磷（%）	0.637	0.55
含硫氨基酸（%）	0.888	0.701
赖氨酸（%）	0.926	0.853

注：为防止腹泻，可在饲料中拌加大蒜素和氟哌酸，连用5天停药（加量要按产品说明）。

（12）中国农业科学院兰州畜牧研究所安哥拉生长兔、产毛兔常用配合饲料配方　见表4-28。

表4-28　安哥拉生长兔、产毛兔常用配合饲料配方

项　目	断奶至3月龄生长兔			4～6月龄生长兔		产毛兔	
	配方1	配方2	配方3	配方1	配方2	配方1	配方2
饲料原料							
苜蓿草粉（%）	30	33	35	40	33	45	39
玉米（%）	—	—	—	21	31	21	25
麦麸（%）	32	37	32	24	19	19	21
大麦（%）	32	22.5	22	—	—	—	—
豆饼（%）	4.5	6	4.5	4	5	2	2
胡麻饼（%）	—	—	3	4	4	6	6
菜籽饼（%）	—	—	—	5	6	4	4
鱼粉（%）	—	—	2	—	—	1	1
骨粉（%）	1	1	1	1.5	1.5	1.5	1.5
食盐（%）	0.5	0.5	0.5	0.5	0.5	0.5	0.5
添加成分							
硫酸锌（克/千克）	0.05	0.05	0.05	0.07	0.07	0.04	0.04
硫酸锰（克/千克）	0.02	0.02	0.02	0.02	0.02	0.03	0.03
硫酸铜（克/千克）	0.15	0.15	0.15	—	—	0.07	0.07
多种维生素（克/千克）	0.1	0.1	0.1	0.1	0.1	0.1	0.1
蛋氨酸（%）	0.2	0.2	0.1	0.2	0.2	0.2	0.2
赖氨酸（%）	0.1	0.1					
营养成分							
消化能（兆焦/千克）	10.67	10.34	10.09	10.46	10.84	9.71	10.00
粗蛋白质（%）	15.4	16.1	17.1	15.0	15.9	14.5	14.1
可消化粗蛋白质（%）	11.7	11.9	11.6	10.8	11.3	10.3	10.2

（续）

项　目	断奶至3月龄生长兔			4～6月龄生长兔		产毛兔	
	配方1	配方2	配方3	配方1	配方2	配方1	配方2
粗纤维（%）	13.7	15.6	16.0	16.0	13.9	17.0	15.7
赖氨酸（%）	0.6	0.75	0.7	0.65	0.65	0.65	0.65
含硫氨基酸（%）	0.7	0.75	0.7	0.75	0.75	0.75	0.75

注：苜蓿草粉的粗蛋白质含量约12%，粗纤维35%。

（13）中国农业科学院兰州畜牧研究所安哥拉妊娠兔、哺乳兔、种公兔常用配合饲料配方　见表4-29。

表4-29　安哥拉妊娠兔、哺乳兔、种公兔常用配合饲料配方

项　目	妊娠兔			哺乳兔		种公兔	
	配方1	配方2	配方3	配方1	配方2	配方1	配方2
饲料原料							
苜蓿草粉（%）	37	40	42	31	32	43	50
玉米（%）	28	18	30.5	30	29	15	—
麦麸（%）	18	8	12.5	15	20	17	16
大麦（%）	—	17	—	5	—	—	16
豆饼（%）	3	—	5	5	5	5	4
胡麻饼（%）	5	5	—	4	5	6	5
菜籽饼（%）	6	5	7	7	6	9	4
鱼粉（%）	1	5	1	1	1	3	3
骨粉（%）	1.5	1.5	1.5	1.5	1.5	1.5	1.5
食盐（%）	0.5	0.5	0.5	0.5	0.5	0.5	0.5
添加成分							
硫酸锌（克/千克）	0.10	0.10	0.10	0.10	0.10	0.3	0.3
硫酸锰（克/千克）	0.05	0.05	0.05	0.05	0.05	0.3	0.3

(续)

项　目	妊娠兔			哺乳兔		种公兔	
	配方1	配方2	配方3	配方1	配方2	配方1	配方2
硫酸铜（克/千克）	0.05	0.05	0.05	0.05	—	—	—
多种维生素（克/千克）	0.1	0.1	0.1	0.2	0.2	0.3	0.2
蛋氨酸（%）	0.2	0.3	0.3	0.3	0.3	0.1	0.1
赖氨酸（%）	—	—	—	0.1	0.1	—	—
营养成分							
消化能（兆焦/千克）	10.21	10.21	10.38	10.88	10.72	9.84	9.67
粗蛋白质（%）	16.7	15.4	16.1	16.5	17.3	17.8	16.8
可消化粗蛋白质（%）	13.6	11.1	11.7	12.0	12.2	13.2	12.2
粗纤维（%）	18.0	15.7	16.2	14.1	15.3	16.5	19.0
赖氨酸（%）	0.60	0.70	0.60	0.75	0.75	0.80	0.80
含硫氨基酸（%）	0.75	0.80	0.80	0.85	0.85	0.65	0.65

注：苜蓿草粉的粗蛋白质含量约12%，粗纤维35%。

（14）杭州养兔中心种兔场獭兔饲料配方　见表4-30。

表4-30　杭州养兔中心种兔场獭兔饲料配方

项　目	生长兔	妊娠母兔	泌乳母兔	产皮兔
饲料原料				
青干草粉（%）	15	20	15	20
麦芽根（%）	32	26	30	20
统糠（%）	—	—	—	15
四号粉（%）	—	—	25	—
玉米（%）	6	—	—	8
大麦（%）	—	10	—	—
麦麸（%）	30	30	10	25
豆饼（%）	15	12	18	10

（续）

项　目	生长兔	妊娠母兔	泌乳母兔	产皮兔
石粉或贝壳粉（%）	1.5	1.5	1.5	1.5
食盐（%）	0.5	0.5	0.5	0.5
添加剂				
蛋氨酸（%）	0.2	0.2	0.2	0.2
抗球虫药	适量	—	—	—
营养成分				
消化能（兆焦/千克）	9.88	9.92	10.38	9.38
粗蛋白质（%）	18.04	16.62	18.83	14.88
粗脂肪（%）	3.38	3.12	3.33	3.25
粗纤维（%）	12.23	12.75	10.47	15.88
钙（%）	0.64	0.74	0.63	0.80
磷（%）	0.59	0.60	0.45	0.56
赖氨酸（%）	0.76	0.69	0.81	0.57
蛋氨酸+胱氨酸（%）	0.76	0.72	0.76	0.64

（15）金星良种獭兔场饲料配方　见表4-31。

表4-31　金星良种獭兔场饲料配方

项　目	18～60日龄				全价料（冬天用）				精料补充料（夏天用）	
	配方1	配方2	配方3	配方4	配方1	配方2	配方3	配方4	配方1	配方2
饲料原料										
稻草粉（%）	15.0	10.0	15.0	10.0	13.0	—	13.0	—	—	—
三七糠（%）	7.0	—	7.0	—	12.0	9.0	13.0	9.0	13.0	7.0
苜蓿草粉（%）	—	22.0	—	22.0	—	30.0	—	30.0	—	—
玉米（%）	5.9	6.0	5.9	6.0	8.0	8.0	9.0	8.0	19.3	19.3
小麦（%）	23.0	17.0	21.0	15.0	23.0	21.0	21.0	19.5	21.0	29.0

（续）

项 目	18～60日龄				全价料（冬天用）				精料补充料（夏天用）	
	配方1	配方2	配方3	配方4	配方1	配方2	配方3	配方4	配方1	配方2
麸皮（%）	27.0	29.4	27.0	29.4	23.0	19.5	21.0	19.5	20.0	20.0
豆粕（%）	19.0	13.0	21.0	15.0	18.0	10.0	20.0	11.5	23.0	21.0
DL—蛋氨酸（%）	0.2	0.2	0.2	0.2	0.2	0.2	0.2	0.2	0.3	0.3
L—赖氨酸（%）	0.1	0.1	0.1	0.1	—	—	—	—	0.1	0.1
骨粉（%）	0.8	0.8	0.8	0.8	0.8	0.8	0.8	0.8	1.0	1.0
石粉（%）	1.5	1.0	1.5	1.0	1.5	1.0	1.5	1.0	1.8	1.8
食盐（%）	0.5	0.5	0.5	0.5	0.5	0.5	0.5	0.5	0.5	0.5
营养水平										
消化能（兆焦/千克）	10.80	10.86	10.80	10.87	10.58	10.74	10.52	10.74	12.54	12.54
粗蛋白质（%）	17.38	17.41	17.95	17.98	16.68	16.69	17.07	17.11	19.03	18.46
粗纤维（%）	10.38	13.1	10.44	13.16	11.04	14.66	11.25	14.70	6.1	6.05
钙（%）	0.95	0.96	0.95	0.96	0.95	1.04	0.96	1.04	1.08	1.08
磷（%）	0.60	0.62	0.60	0.63	0.58	0.59	0.57	0.60	0.62	0.61
赖氨酸（%）	0.81	0.82	0.86	0.86	0.70	0.71	0.74	0.74	0.90	0.86
蛋氨酸＋胱氨酸（%）	0.65	0.62	0.66	0.64	0.64	0.63	0.66	0.64	0.82	0.81

第五章　主要兔病防控技术

要避免和减少兔病的发生，必须牢固树立"防重于治"的意识，注重科学饲养和规范管理，制订行之有效的预防措施，确保兔群安全。

一、主要兔病防治技术

家兔的疾病有上百种，但对生产威胁最大的有十余种，做好这些疾病的控制，就等于抓住防病的核心。

（一）兔病毒性出血症（兔瘟）

本病属急性、烈性病毒性传染病，是为害养兔发展的主要疾病。

1.流行特点　本病自然感染只发生于兔。毛用兔最为敏感，獭兔、肉兔次之。年龄不同易感性差异很大，3月龄以上青年兔和成年兔易发，但目前出现低龄化趋势，也有刚断奶兔发生本病的报道。本病一年四季均可发生，但春、秋两季更易流行。病兔、死兔和隐性感染兔为主要传染源，呼吸道、消化道、伤口和黏膜为主要传染途径。

2.临床症状

（1）最急性型　无明显临床表现或仅表现为短暂的兴奋而突然死亡。死亡后四肢僵直，头颈后仰（图5-1），少数鼻孔流血，肛门周围被毛有少量淡黄色胶样物沾污，粪球外附着有淡黄色胶样物（图5-2至图5-4）。

图5-1　兔瘟：尸体僵直，头向上仰

（任克良　摄）

图5-2　兔瘟：鼻腔流出血液
（任克良　摄）

图5-3　兔瘟：鼻腔流出泡沫状血液
（任克良　摄）

图5-4　兔瘟：排出的粪球上附有胶冻
样黏液　　（任克良　摄）

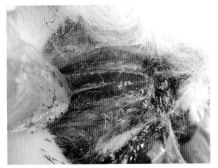

图5- 5　兔瘟：气管内有泡沫状血液
（任克良　摄）

（2）急性型　食欲减退，饮水增多，精神萎靡，不喜动，皮毛无光泽，结膜潮红，体温升高到41℃以上，迅速消瘦。病程一般为12～48小时。临死前表现短时间的兴奋，挣扎冲撞，啃咬笼架，然后两前肢伏地，两后肢支起，全身颤抖，四肢不断做划船状，最后抽搐或发出尖叫而死亡。死后大部分头颈后仰，四肢僵直。有的鼻孔流出泡沫状血液。

（3）慢性型　多发生于流行后期的老疫区和3月龄以内的幼兔。体温升高到41℃左右，精神委顿，食欲减退甚至废绝1～2天，爱喝水，被毛粗乱、无光泽，消瘦。多数病例可耐过。

3.剖检特点　以全身器官瘀血、出血、水肿为特征。气管黏膜呈弥散性鲜红或暗红色，出现红色指环外观，气管腔内含有白色或淡红色带血的泡沫（图5-5、图5-6）。肺瘀血、水肿、色红，有出血点，从针帽大至绿豆大以至弥漫性出血不等（图5-7）。胸腺胶样水肿，并有针头大至粟粒大的出血点（图5-8）。肾肿大，色暗红、紫红或紫黑，有出血点（图5-9）。膀胱积尿，内充满黄褐色尿液。

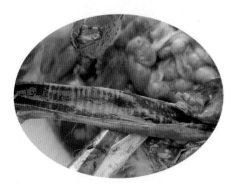

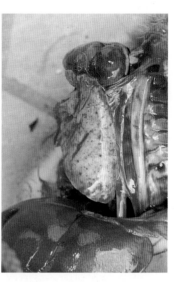

图5-6　有明显的红色气管环（任克良　摄）

图5-7　兔瘟：肺上有鲜红的出血点或斑块
　　　　　　　　　　　　（任克良　摄）

图5-8　兔瘟：胸腺胶样水肿，并有出
　　　　血点　　　　　（任克良　摄）

图5-9　兔瘟：肾肿大，有出血点、斑
　　　　　　　　　　　（任克良　摄）

4.诊断要点　①青年兔与成年兔的发病率、死亡率高。月龄越小发病越少，仔兔一般不感染。一年四季均可发生，多流行于冬春季。②主要呈全身败血性变化，以多发性出血最明显。③确诊需做病毒检查鉴定以及血凝和血凝抑制试验。

5.防控措施

（1）预防　①定期注射兔瘟疫苗。30～35日龄用兔瘟单联苗，每兔皮下注射1毫升。60日龄时再次皮下注射1毫升。以后每隔5.5～6个月注射防疫一次（图5-10）。②严禁购入带病兔，禁止从疫区购兔。③严禁收购肉兔、兔毛、兔皮等商贩进入生产区。本病流行期间，严禁人员往来。④病死兔要深埋或焚烧，不得乱扔。⑤一切用具、排泄物均需彻底消毒，用1%氢氧化钠消毒为宜。

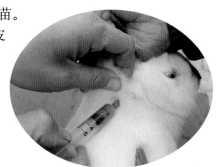

图5-10　皮下进行疫苗注射

（2）治疗　本病无特效治疗药物。可使用抗兔瘟高免血清。一般在发病后尚未出现高热症状时均可治疗。用4毫升血清，一次皮下注射即可。也可用少量血清先行皮下注射，相隔5～10分钟后，取4毫升血清加5%葡萄糖生理盐水10～20毫升一次静脉注射，效果更佳。

若无高免血清，这时应对未表现临床症状兔进行兔瘟疫苗紧急接种，剂量加倍。

（二）A型魏氏梭菌病

本病是由A型魏氏梭菌（图5-11）及其所产生的外毒素引起。是目前养兔生产中危害最为严重的疾病之一。

1.流行特点　除哺乳仔兔外，不同年龄、品种、性别的兔均易感。一般1～3月龄幼兔发病率最高。一年四季均可发生，但以冬春两季发病率最高。长途运输、缺乏青粗料、突然更换饲料、长期饲喂抗生素或磺胺类药物、气候骤变等应激因素均可诱发该病。主要传播途径是消化道。

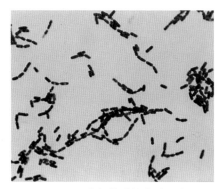

图5-11　产气荚膜梭菌的形态
（王永坤　摄）

2.临床症状　特征性症状是急剧下痢，粪便呈黑褐色或黄绿色，有特殊腥臭味，临死前水泻（图5-12）。绝大多数患兔在出现下痢至水泻后，当天或次日即死亡，少数病例拖延至1周或更久。

3.剖检特点　打开病死兔腹腔，可嗅到特殊腥臭味。胃多充满饲料和气体，黏膜脱落。胃浆膜下可见大小不一的溃疡点和斑（图5-13）。盲肠浆膜下有鲜红色出血斑（图5-14）。肠黏膜有弥漫性充血或出血（图5-15）。心脏表面血管怒张、呈树枝状（图5-16）。肝脏质地变脆。脾脏呈深褐色。膀胱多数积有茶色或蓝色尿液。

图5-12　水样粪便沾污尾部

（任克良　摄）

图5-13　胃上有溃疡斑、点

（任克良　摄）

图5-14　盲肠内充满气体和黑绿色内容物，浆膜下有鲜红色出血条纹

（任克良　摄）

图5-15　小肠壁瘀血、出血，肠腔内充满气体和稀薄内容物

（任克良　摄）

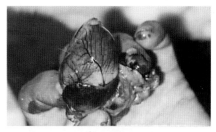

图5-16　心脏血管呈树枝状怒张

（任克良　摄）

4.诊断要点 ①发病不分年龄，以1～3月龄幼兔多发，饲料、气候突变，长期饲喂抗生素等多种应激因素均可诱发本病。②急性腹泻后迅速死亡。③胃与盲肠有出血、溃疡等特征病变。④抗生素治疗无效。⑤病原菌及其毒素检测。

5.防治措施

（1）预防 ①饲料中必须有足够的粗纤维。②定期对兔群进行A型魏氏梭菌氢氧化铝灭活菌苗预防接种，每年2次（图5-17）。

（2）治疗 感染早期可试用：①红霉素，每千克体重20～30毫克，肌内注射，每天2次，连用3天。②卡那霉素，每千克体重20毫克，肌内注射，每天2次，连用3天。口服与注射配合效果较好。

图5-17 魏氏梭菌疫苗

用药同时，注射A型魏氏梭菌高免血清。方法是首先在兔皮下注射0.5～1毫升，5～10分钟后，再用5毫升血清加5%葡萄糖生理盐水10～15毫升混匀，缓慢地耳静脉注射。视病情每天1～2次，通常2天即可停止下痢。也可采用高免血清分点皮下注射，剂量与静脉注射相同。

无高免血清时对无症状兔只可紧急注射A型魏氏梭菌疫苗，剂量加倍，一兔一针头。

（三）大肠杆菌病

本病是由致病性埃希氏大肠杆菌及其分泌的毒素引起，死亡率很高。是仔幼兔时期死亡率最高的一种疾病。

1.流行特点 该病一年四季均可发生，主要侵害1～3月龄幼兔。遇饲养管理不良、气候突变等应激因素时，肠道正常菌群活动受到破坏，致病性大肠杆菌数量急剧增加，其产生的毒素大量积累，引起腹泻。其他细菌病（如魏氏梭菌、沙门氏菌）、轮状病毒病、球虫病等也可引起本病。

2.临床症状 以排出黄色黏液或粪球上黏附黄色黏液为特征（图9-16）。最急性病例未见任何症状即突然死亡。急性病例病程很短，一般1～2天内死亡。亚急性病例一般7～8天死亡。患兔体温正常或稍低，精神沉郁，被毛粗乱，腹部膨胀，拍打有击鼓声，摇晃有流水声。病初常有大量黄色明胶样黏液和附着有该黏液的干粪排出。有时带黏液粪球与正常粪球交替排出，随后出现混有黏液的剧烈水泻。病兔四肢发冷，磨牙，眼眶下陷，最终衰竭死亡。

3.剖检特征　剖检可见胃膨大，充满多量液体和气体。小肠内容物呈黄色胶样黏液（图5-18、图5-19）。大肠壁水肿。

4.诊断要点　①有改变饲料配方、气候骤变等应激史。②断奶前后仔、幼兔多发。③从肛门排出黏胶状物。④有明显的黏液性肠胃炎病变。⑤病原菌及其毒素检测。

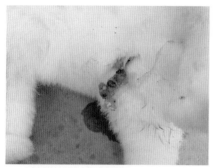

图5-18　排出淡黄色胶冻样黏液
（任克良　摄）

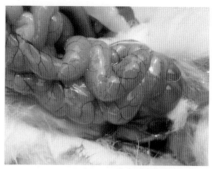

图5-19　小肠内充满气体和淡黄色的黏液
（任克良　摄）

5.**防治措施**

（1）**预防**　①改变饲料要逐步进行，气候多变季节要注意保持舍温的相对恒定。②对经常发生本病的兔场，最好用本场分离的大肠杆菌制成的菌苗进行预防接种，一般20～25日龄的仔兔每只皮下注射2毫升。③也可在饲料中添加0.5%兔宝Ⅰ号，可有效控制本病的发生。

（2）**治疗**　①链霉素，肌内注射，每千克体重20～30毫克，每天2次，连用3～5天（图5-20）。

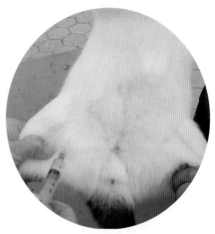

图5-20　大腿内侧进行肌内注射

②促菌生，口服，每只2毫升（约10亿活菌），每天1次，连用3天。③对症治疗，可在腹腔注射葡萄糖生理盐水，或口服生理盐水及收敛水等，以防脱水。

（四）巴氏杆菌病

本病是由多杀性巴氏杆菌引起的各种病症的总称。该病菌是条件性致病菌，当各种因素引起机体抵抗力下降时才发病。

1.流行特点　本病多发生于春秋两季，常呈散发或地方性流行。多数家兔鼻腔黏膜带有巴氏杆菌，但不表现临床症状。当长途运输、过分拥挤和饲养不当或卫生条件不良（如兔舍空气污浊等）以及其他疾病等应激因素的作用下才发病。病菌经呼吸道、消化道或皮肤、黏膜伤口而感染。

2.临床症状

（1）败血型　患兔精神萎靡，停食，呼吸急促，体温升高至41℃以上，鼻腔流出浆液至脓性分泌物，有时发生下痢。死前体温下降，四肢抽搐。流行开始时，常有不显症状而突然死亡的病例。

亚急性型剖检主要表现为肺炎和胸膜炎，肺充血、出血或脓肿，胸腔积液，胸膜和肺常有乳白色纤维素性渗出物附着（图5-21）。鼻腔和气管充血、出血，有黏稠的分泌物。淋巴结色红、肿大。

（2）肺炎型　常呈急性经过。病变在肺部（图5-22），精神沉郁，食欲不振或废绝。

图5-21　肺化脓

图5-22　巴氏杆菌病：肺、胸腔有脓胞
（任克良　摄）

（3）斜颈型　严重病例头颈向一侧滚转，一直倾斜到抵住兔笼壁为止（图5-23）。患兔饮食困难，体重减轻，但短期内很少死亡。

（4）鼻炎型　以浆液性或黏液性鼻炎和副鼻窦炎为特征（图5-24）。

（5）其他　包括生殖器感染、脓肿、肠炎等。

图5-23　斜颈：头向左侧倾斜，采食、
饮水困难　　（任克良　摄）

图5-24　鼻炎，呼吸困难
（任克良　摄）

3.诊断要点　春、秋季多发，呈散发或地方性流行。除精神委顿、不食与呼吸急促外，据不同病型的症状、病理变化可做出初步诊断，确诊须做细菌学检查。

4.防治措施

（1）预防　①建立无多杀性巴氏杆菌种兔群。②定期消毒兔舍、兔笼，降低饲养密度，加强通风。③对兔群经常进行临诊检查，将流鼻涕、鼻毛潮湿蓬乱、中耳炎、脓性结膜炎的兔及时检出，隔离饲养和治疗。④用兔巴氏杆菌灭活菌苗预防注射，免疫期为4个月。

（2）治疗　①青霉素、链霉素联合注射。青霉素每兔2万～5万单位，链霉素0.5克，混合一次肌内注射，每天2次，连用3天。②磺胺二甲嘧啶。内服，首次量每千克体重0.2克，维持量为0.1克，每天2次。肌内注射或静脉注射，每千克体重0.07克，每天2次，连用4天。用药同时应注意配合等量的碳酸氢钠。③用鼻炎清（山西省畜牧兽医研究所科研成果）加入饲料或饮水，连喂5天，效果显著。④抗巴氏杆菌高免单价或多价血清，皮下注射，每千克体重6毫升，经8～10小时再重复注射一次。

（五）支气管败血波氏杆菌病

本病是由支气管败血波氏杆菌引起。仔兔、青年兔多呈急性发作，成年兔多为慢性经过。

1. **流行特点**　多发于气候多变的春秋两季，冬季兔舍通风不良时也易流行。传染途径主要是呼吸道。兔患感冒、寄生虫等疾病时，易诱发本病。

2. **临床症状**

（1）**鼻炎型**　鼻腔流出浆液性、黏液性或黏脓性分泌物（图5-25）。

（2）**支气管肺炎型**　以鼻炎长期不愈为特征。流出黏性至脓性鼻液，呼吸困难，食欲不振，逐渐消瘦。幼兔多在15日龄发病。成兔看不到明显症状，病程长。成年母兔常在怀孕后期或分娩等代谢增强时死亡。发病急，突然死亡。

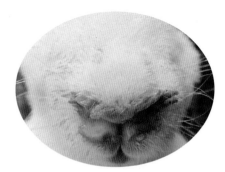

图5-25　鼻腔流出黏液性鼻液

（李燕平　摄）

3. **剖检特点**　支气管肺炎型病例，支气管黏膜充血，充满黏液或稀脓液。肺部有大小不一的脓疱，大如小鸡蛋，小如芝麻，有时可占肺体积的90％以上（图5-26、图5-27）。有的病例肝有脓疱，突出于表面。有的病例肾肿大，并有脓疱。哺乳仔兔可见肺部有大小不等、灰白色的脓疱。切开心包，内有黏稠、乳油样的脓液，心脏表面附有白色脓汁。

4. **诊断要点**　①有明显鼻炎、支气管肺炎症状。②有特征的化脓性支气管肺炎和肺脓肿等病变。③病原菌分离鉴定。

5. **防治措施**

（1）**预防**　①保持兔舍适宜的温度和湿度，保证通风良好。②经常对兔群进行临床检查，将流鼻涕、打喷嚏及呼吸急促、困难的兔及时检出，隔离治疗或淘汰。③定期注射波氏杆菌疫苗，每只皮下注射1毫升，免疫期4～6个月。④饲料中添加兔宝系列添加剂可有效预防本病的发生。

（2）**治疗**　①庆大霉素，每只每次1万～2万单位肌内注射，每天2次。②卡那霉素，每只每次1万～2万单位肌内注射，每天2次。③四环素，每千克体重40毫克肌内注射，每天2次。④链霉素滴鼻或肌内注射，肌内注射每千克体重20毫克，每天2次，连用3天。⑤用鼻炎清（山西省畜牧兽医研究所研制）加入饲料或饮水，连喂5天，效果显著。脓疱型病例治疗效果不明显，应及时淘汰。

图5-26 切开肺内有白色脓液样物
（李燕平 摄）

图5-27 脓疱与肺脏相连
（任克良 摄）

（六）葡萄球菌病

本病是由金黄色葡萄球菌引起的以化脓性炎症为特征的常见疾病。

1.流行特点 金黄色葡萄球菌在自然界广泛存在，家兔对该菌极其敏感，可以通过皮肤损伤、乳头口等途径感染。

2.临床表现

（1）乳房炎 多发生于产后5～20天的哺乳母兔。急性病例，患兔乳房肿胀、发热，有痛感。患部皮肤从开始的淡红色变成红色，以至变成蓝紫色。乳汁中混有脓液和血液，食欲减少，拒绝哺乳。慢性病例，乳房局部形成大小不一的硬块，之后形成脓肿，脓肿破溃后流出豆渣样脓汁（图5-28）。

（2）仔兔黄尿病 由于哺乳仔

图5-28 乳腺区有脓肿

兔吃了患乳房炎母兔的乳汁而引起。仔兔发生急性肠炎，一般同窝仔兔同时或相继发生，仔兔肛门四周和后肢被毛潮湿、腥臭，仔兔昏睡，停止吮乳，全身发软（图5-29）。患兔肠黏膜（尤其是小肠）充血、出血，肠腔充满黏液，膀胱极度扩张。

（3）**仔兔脓毒败血症**　仔兔出生后2～3天皮肤发生粟粒大白色脓疱（图5-30），脓汁呈乳白色乳油状，多在2～5天因败血症死亡。剖检肺脏和心脏常见许多白色小脓疱。

（4）**脓肿型**　因皮下任何地方均可出现大小不同的肿块（图5-31），有的如鸡蛋大，手摸时稍硬、有弹性，兔有痛感，以后逐渐增大变软。一般患兔精神、食欲正常。若内脏器官出现脓肿，则患病器官的生理机能受到影响（图5-32）。如肺部化脓则表现呼吸困难，后臀部脓肿引起后肢跛行，子宫积脓则母兔屡配不孕。

（5）**脚皮炎型**　足底部开始出现脱毛、红肿，之后形成脓肿、破溃，最终成为大小不一的溃疡面。

3.诊断要点　根据皮肤、乳腺和内脏器官的脓肿及腹泻等症状与病变可怀疑本病，确诊应进行病原菌分离鉴定。

4.防治措施　发生本病多由于卫生和机械损伤引起，搞好环境卫生、消除笼内一切锐利物、防止家兔之间咬斗可减少本病的发生。

（1）预防乳房炎可在母兔产仔后每天喂服1片（分两次）复方新诺明，连喂3天。产后最初几天需减少精料的喂量，防止乳腺分泌过剩。配种前皮下注射葡萄球菌灭活菌苗2毫升。治疗：局部用青霉素普鲁卡因混合液进行封闭注射。同时用青霉素肌内注射，每天2次，每次10万单位，连用3～5天。

（2）治疗仔兔黄尿病，初期可肌内注射青霉素，每兔0.5万～1万单位，每天2次，连用数天。也可往仔兔口腔滴注庆大霉素，每天3～4次。

（3）对于皮下脓肿，可实施外科手术，排出脓汁，然后用双氧水或0.2%高锰酸钾水溶液洗涤，疮口中填以青霉素软膏或雷佛奴尔溶液浸渍的纱布条。同时肌内注射新霉素Ⅱ，每千克体重10～15毫克，每天2次，连用2～3天。对于内脏器官脓肿，一般治疗效果差，应淘汰处理。

（4）预防脚皮炎型应在选种上下功夫，选脚毛丰厚的留种，兔笼底板以平整的竹板为好。治疗先用0.2%醋酸铝溶液冲洗患部，清除坏死组织，并涂擦15%氧化锌软膏或土霉素软膏。促进溃疡愈合，可涂擦5%龙胆紫溶液。

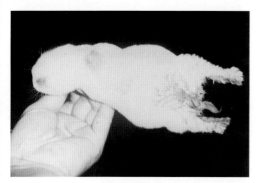

图5-29　仔兔黄尿病：仔兔肛门四周和后肢被毛潮湿、有腥臭

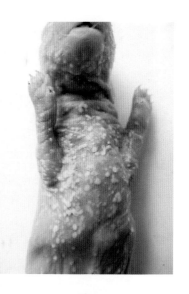

图5-30　皮肤上散在许多粟粒大的小脓疱　（任克良　摄）

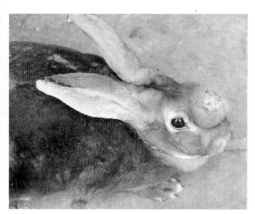

图5-31　脸部有一大脓肿　（任克良　摄）

图5-32　腹腔有鸭蛋大的脓疱

（七）兔流行性腹胀病

本病是以腹胀、具传染性为特征的一种新出现的疾病。近年来，此病发生呈大幅上升的趋势，给养兔业造成严重的经济损失。

1.病因 目前不清楚其病因。

2.流行特点 本病一年四季均可发生，秋后至次年春天发病率较高。不分品种，毛兔、獭兔、肉兔均可发病。以断奶后至4月龄兔发病为主，特别是2～3月龄兔发病率高，成年兔很少发病，断奶前兔未见发病。此外，还发现在某一地区流行一段时间后，自行消失，暂时不再发生。

3.典型症状 发病初期病兔减食，精神欠佳，腹胀，怕冷，扎堆，渐至不吃料，但仍饮水。粪便起初变化不大，后粪便渐少，病后期以排黄色、白色胶冻样黏液为主。部分兔死前少量腹泻。摇动兔体有响水声。腹部触诊，前期较软，后期较硬，部分兔腹内无硬块。发病期间体温不升高，死亡前体温下降至37℃以下。病程3～5天，发病兔绝大部分死亡，极少能康复。发病率50%～70%，死亡率90%以上，一些兔场发病死亡率高达100%。

4.病理变化 剖检见尸体脱水、消瘦。肺局部出血。胃臌胀，部分胃黏膜有溃疡，胃内容物稀薄（图5-33、图5-34）。部分小肠出血，肠壁增厚、扩张（图5-35）。盲肠内充气，内容物较多，部分干硬成块状如马粪（图5-36）。部分肠壁出血、水肿、增厚。结肠至直肠多数充满胶冻样黏液。剪开肠管，胶冻样物呈半透明状或带黄色。肝、脾、肾等未见明显变化。

5.诊断要点 ①断奶至4月龄兔易发病。②腹胀，摇动兔体有响水声。腹部触诊前期较软、后期较硬。③胃臌胀等病理变化。

图5-33 胃肠臌气

图5-34 胃内有水样液体

（任克良 摄）

图5-35　小肠壁出血（任克良　摄）　　　图5-36　盲肠内有马粪样内容物
　　　　　　　　　　　　　　　　　　　　　　　　　（任克良　摄）

6.防治措施　加强饲养管理，饲料配方要合理，注意饲料中粗纤维的比例。季节交替时保持兔舍温度相对恒定，变换饲料要逐步进行。

（1）饲料中按0.1%（以原药计算）添加复方新诺明，断奶后幼兔连用5～7天，有一定效果。病情严重的，隔一周重复一个疗程。

（2）溶菌酶+百肥素，按每吨饲料200克添加，口服治疗，一般5～7天可得到有效的控制。

（八）皮肤真菌病

又称毛癣，是由须毛癣菌或小孢霉菌引起的以皮肤角化、炎性坏死、脱毛、断毛为特征的传染性皮肤病。是目前危害养兔业健康发展的十分主要的传染病。

1.流行特点　主要通过健康兔与病兔直接接触如吮乳、交配等而传播，也可通过刷拭用具、其他用具及饲养人员而间接传播，温暖、潮湿、污秽的环境条件下可促使本病的发生。本病一年四季均可发生，以春秋两季易发，各年龄兔均可发生，以仔、幼兔的发病率最高。

2.临床症状　因病原不同，症状也不相同。

（1）须毛癣菌病　多发生在脑门和背部，其他部位也可发生，表现为圆形脱毛，形成边缘整齐的秃毛斑，露出淡红色皮肤，表面粗糙，并有闪光鳞屑（图5-37）。患兔一般没有明显的临床症状。

（2）小孢霉菌病　患兔开始多发生在头部，如口周围、耳朵、鼻部、眼周、面部、嘴及颈部等皮肤出现圆形或椭圆形突起，继而感染肢端、腹下和其他部位（图5-38）。患部皮肤呈不规则的块状或圆形、椭圆形脱毛或断毛，覆盖一层灰白色糠麸状痂皮样外观，并发生炎性变化，初期为红斑、丘疹、水疱，最后结痂，痂皮脱落后呈现溃疡，用力挤能挤出脓液。患兔剧痒，骚动不安，采食下降，逐渐消瘦，最终衰竭而死亡，或感染金黄色葡萄球菌等，使病情恶化，最终死亡。

图5-37　皮肤真菌病：脱毛的区域覆盖一层灰白色糠麸状痂皮
　　　　　　　　　　（任克良　摄）

图5-38　皮肤真菌病：嘴周围、眼圈、耳根脱毛、有糠麸状痂皮
　　　　　　　　　　（任克良　摄）

3.诊断要点　①有从感染本病兔群引种史。②仔、幼兔易发，成年兔虽无临床症状但多为带菌者。③特征性皮肤病变。④刮取病部皮屑检查，发现真菌孢子和菌丝体即可确诊。

4.防治措施

（1）预防　①引种要慎重，对供种场兔群要严格调查，确信为无本病的健康兔群方可引种。引种后应隔离饲养，待其繁殖的仔兔无本病时方可转到原来兔群中，否则有被感染的危险。②发现兔群有可疑患兔，立即隔离治疗，最好淘汰处理，并对所在兔笼、兔舍进行全面消毒，地面、墙壁用烧碱消毒，兔笼、产箱、食盒、饮水嘴用火焰消毒。

（2）治疗

①局部治疗：用肥皂或消毒药水涂擦，以软化痂皮，将痂皮去掉，然后涂擦杀真菌药，如稀碘酊（碘酊1份，酒精1～5份）、10%水杨酸软膏（或溶液）、10%木馏油软膏、2%福尔马林软膏、2%米康唑软膏、益康唑霉菌软膏等，每天涂2次，连涂数天。

②强力消毒灵（中国农业科学院兰州兽医研究所兽药厂生产）：配成

0.1%溶液，用药棉涂擦患部和周围，每天1次，连用3～5天；同时环境用0.5%的该药消毒，效果良好。

③全身治疗：可口服灰黄霉素，按每千克体重25～60毫克，每天1次，连服15天，停药15天再用15天。治疗后易复发。

（九）球虫病

本病是由艾美耳属的多种球虫引起、对幼兔危害极其严重的一种常见的体内寄生虫病（图5-39）。

1.流行特点　各品种兔均易感染，断奶至3月龄的幼兔最易感染，死亡率高达80%左右。

成年兔对球虫的抵抗力强，一般可耐过，但不能产生免疫

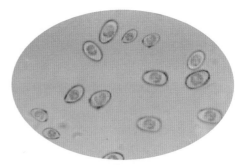

图5-39　球虫卵囊　（任克良　摄）

力，而成为长期的带虫者和传染源。多流行于温暖潮湿多雨季节，但冬季发生率也较高。

2.临床症状、剖检特点　患兔精神不振，食欲减退或废绝，伏卧不动，被毛蓬乱，两眼无神，眼、鼻分泌物增多，眼结膜苍白，腹泻，排尿次数增多。幼兔生长停滞、消瘦。有时腹泻和便秘交替出现。

（1）肝型　临床以腹围增大、下垂，肝肿大，触诊有痛感，可视黏膜轻度黄染为特征。

剖检可见，肝肿大，表面有白色或淡黄色结节病灶，呈圆形，大如豌豆，切开时有淡黄色浓稠的液体或有坚硬的无机盐（图5-40）。胆囊肿大、胆汁浓稠、色暗。腹腔积液，膀胱积尿（图5-41）。

（2）肠型　多呈急性经过。主要侵害30～60日龄的幼兔，发病兔突然倒下，颈背及两后肢肌肉痉挛，头向后仰，两后肢伸直划动，发出惨叫，迅速死亡。

剖检可见，十二指肠、空肠、回肠、盲肠黏膜发炎、充血，有时有出血点或斑。十二指肠扩张、肥厚。小肠内充满气体和黏液。慢性病例肠黏膜呈淡灰色，上有许多小的白色硬节和小化脓性、坏死性病灶。

（3）混合型　两型症状兼有。

3.防治措施

（1）预防 ①兔场、兔舍应建在干燥、向阳的地方，保证通风良好。②改变传统的地面散养习惯，实行笼养。食盆、饮水器、草架或固定在笼外，或高于笼底板。③定期对兔笼、用具进行消毒。兔粪尿要堆积发酵，杀灭粪中卵囊。④定期对成年兔进行驱虫。⑤病死兔要深埋或焚烧，不能乱丢。⑥幼兔饲料中可加兔宝Ⅰ号。

（2）治疗 ①兔宝Ⅰ号，系山西省农科院畜牧兽医研究所科研产品，可有效预防兔球虫病，并可提高日增重20%。②氯苯胍，预防用0.015%混饲，从开始采食到90日龄；紧急治疗用0.03%混饲，用药1周后改为预防量。③莫能菌素，预防用0.003%混饲，治疗用0.004%混饲。④甲基三嗪酮，商品名为百球清，预防量为0.0015%饮水，连喂21天；治疗量为0.0025%饮水，连喂2天，间隔5天，再喂2天。⑤扑球，饲料和饮水中添加0.0001%。

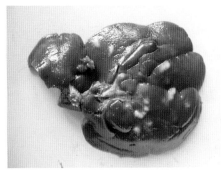

图5-40 肝脏有淡黄色结节
（任克良 摄）

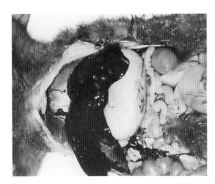

图5-41 球虫病：肝表面有淡黄色圆形结节，膀胱积尿
（任克良 摄）

（十）豆状囊尾蚴病

本病是由豆状囊尾蚴引起（图5-42）。

1.流行特点 家兔是豆状带绦虫的中间宿主，犬、猫等为终末宿主。家兔饲料被犬、猫粪便污染而使家兔感染。一般有犬的兔场该病的感染率很高。

2.临床症状 轻度感染豆状囊尾蚴后一般无明显的症状。严重感染时可导致肝炎和消化障碍等，如食欲减退，腹围增大，精神不振，嗜睡，逐渐消瘦，最后因体力衰竭而死亡。

3.剖检特点　兔体多消瘦，皮下水肿，腹腔有大量的液体，在肠系膜、胃网膜、肝脏及肌肉中可见到数量不等、大小不一的灰白色透明的囊泡（图5-43）。囊泡内充满液体，中间有白色头节，似葡萄串状。肝肿大，肝实质有幼虫移行的痕迹。急性肝炎病兔，肝表面和切面有黑红色或黄白色条纹状病灶，病程较长的病例可转为肝硬变。

4.防治措施

（1）预防　兔场内禁止饲养犬、猫。

（2）治疗　①吡喹酮，每千克体重10～35毫克，口服，每天1次，连用5天。②甲苯咪唑或丙硫咪唑，每千克体重35毫克，一次内服，每天1次，连用3天。

图5-42　囊尾蚴　（李燕平　摄）

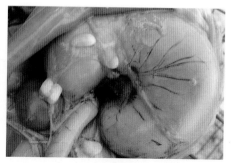

图5-43　豆状囊尾蚴病：胃网膜上有水泡状豆状囊尾蚴，呈球形或卵圆形，内有一白色头节

（任克良　摄）

（十一）疥癣病

本病是由痒螨和疥螨等引起的高度接触性传染的一种体外寄生虫病，又称疥螨、生癞等。对养兔业危害很大。

1.流行特点　本病主要通过健兔和病兔接触而感染，也可由兔笼、饲槽和其他用具而间接传播。光照不足、阴雨潮湿及秋冬季节最适于螨的生长繁殖和促使本病的发生。

2.临床症状

（1）**耳癣** 由痒螨引起。主要寄生于外耳道内，引起外耳道炎。渗出物干燥成黄色痂皮，塞满耳道如纸卷样（图5-44、图5-45）。患兔烦躁不安，耳下垂，不断摇头晃脑，用脚抓搔耳朵。采食和休息受到影响，逐渐消瘦而死亡。

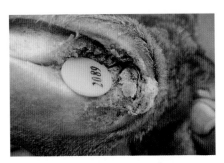

图5-44 疥癣病：耳内有痂皮
（任克良 摄）

图5-45 疥癣病：耳内、耳边缘有痂皮
（任克良 摄）

（2）**身癣** 由疥螨和背肛疥螨引起。主要寄生于爪、掌面、鼻尖、口唇、眼圈等毛少的部位（图5-46）。代谢产生有毒物质刺激家兔神经末梢，产生奇痒。患兔频频用嘴啃咬患部，使皮肤充血、发炎，渗出物干涸形成厚的痂皮。由于剧痒，严重影响兔采食、饮水，逐渐消瘦，贫血，最终死亡。

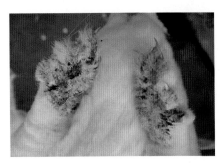

图5-46 疥癣病：脚爪有糠麸样结痂
（任克良 摄）

3.防治措施

（1）**预防** ①兔舍、兔笼要经常清扫、消毒，保持通风干燥。可用2%敌百虫水溶液对兔笼进行喷洒消毒。②发现病兔，应及时隔离治疗，种兔停止配种。

（2）**治疗** ①阿福丁（虫克星），有粉剂、胶囊和针剂，根据说明使用。②灭虫丁，每千克体重0.2毫克皮下注射。也可涂擦患部。③2%敌百虫水溶液，涂擦、浸泡患部，每隔7天涂擦1次。应现用现配。④螨净，按1：500比例稀释，涂擦患部。

注意事项：①治疗一个疗程后，隔7～10天再重复一个疗程，直至治愈为止。②治疗与消毒同时进行。③家兔不耐药浴，故不可将整个兔浸泡于药液中，仅可依次分部位治疗。

（十二）霉变饲料中毒

家兔食入霉变饲料，毒素被机体吸收会引起中毒。

1.流行特点　在温暖潮湿的季节，饲料霉变后被家兔采食，极易引起中毒。

2.临床症状　患兔精神沉郁，被毛干燥粗乱。病初食欲减退，后期废食，消化紊乱，先便秘继而排稀便，粪便带黏液或血液（图5-47、图5-48），流涎。口唇皮肤发绀。常将两后肢的膝关节凸出于臂部两侧，呈山字形伏卧笼内。呼吸急促，随后出现神经症状，后肢软瘫，全身麻痹。配种母兔不受孕，孕兔多流产。

图5-47　排出稀粪　*(任克良　摄)*

图5-48　稀粪中带黏液*(任克良　摄)*

3.剖检特点　剖检可见腹膜增厚、水肿，胃黏膜脱落。肝脏肿大，有针尖至米粒大的白色坏死点，有浅红色片状坏死灶。胆囊肿大，胆汁呈黑色。小肠内有泡沫状黏液（图5-49），有的直肠硬如香肠，有些胃、肠有出血点或出血斑。多数心包积液，心肌出血。肾脏有多处坏死点，坏死处呈顶针状

图5-49　小肠内有泡沫状黏液

麻坑。膀胱积尿，尿液浑浊。多数病例肺部出现黄白色、粟粒状或较大的小结节，质地柔软、有弹性。

4. 防治措施

（1）预防 禁喂霉变饲料。

（2）治疗 首先停喂发霉饲料，用2%碳酸氢钠溶液50～100毫升给兔灌服洗胃，然后灌服5%硫酸钠溶液50毫升，或稀糖水50毫升，外加维生素C 2毫升。或将大蒜捣烂喂服，每兔每次2克，每天2次。10%葡萄糖50毫升，加维生素C 2毫升，静脉注射，每天1～2次；或氯化胆碱70毫克、维生素B$_{12}$ 5毫克、维生素E 10毫克，一次口服。

二、兔场重大疾病防控技术措施

根据兔病流行特点，提出规模兔场重大疫病防控技术措施，供参考。

（一）兔群防疫程序

1. 16～90日龄仔、幼兔 每千克饲料中加150毫克氯苯胍或1毫克地克珠利或添喂0.5%兔宝Ⅰ号，可有效预防兔球虫病的发生。治疗剂量加倍。注意交替用药。目前，添加药物是预防家兔球虫病最有效、成本最低的一种措施。对于冬季舍饲养兔还应注意预防球虫病的发生。

2. 产前3天和产后5天的母兔 每天每只喂穿心莲1～2粒、复方新诺明片1片，可预防母兔乳房炎和仔兔黄尿病的发生。对于乳房炎、仔兔黄尿病、脓肿发生率较高的兔群，除改变饲料配方及控制产前、产后饲喂量外，繁殖母兔每年应注射两次葡萄球菌病灭活疫苗，剂量按说明使用。

3. 兔瘟免疫程序 据调查，发生兔瘟的兔群多因免疫程序不正确或使用的疫苗质量有问题所致。正确的程序是：幼兔30～35日龄首次注射兔瘟单联疫苗（图5-50），每只颈部皮下注射2毫升。60日龄时再皮下注射1毫升兔瘟单联苗或二联苗以加强免疫。注意点：首次免疫必须用兔瘟单联苗。种兔群每年注射两次兔瘟疫苗，可有效防止兔瘟的发生。兔瘟疫苗必

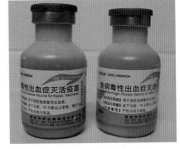

图5-50 兔瘟单联疫苗

须使用有国家正式批准文号的产品。

4.其他疫苗接种　建议根据兔群情况，注射巴氏杆菌病、波氏杆菌病、大肠杆菌病等疫苗。

5.重视魏氏梭菌病的预防　根据目前兔病流行特点，种兔群、断奶幼兔应注射魏氏梭菌病灭活疫苗，以单联苗为好，剂量按说明。据本实验站调查：魏氏梭菌病的发生率、死亡率高，且没有有效的治疗方法，因此魏氏梭菌病应引起广大养兔者的高度重视，把注射魏氏梭菌病疫苗作为兔群常规免疫来做。

6.驱虫　每年春秋两季对兔群进行两次驱虫，可用伊维菌素皮下或口服用药，不仅对兔体内寄生虫如线虫有杀灭作用，也可以治疗兔体外寄生虫如疥螨、蚤虱等。兔场禁止养犬，必须养犬的兔场要定期为犬注射或投服吡喹酮，预防豆状囊尾蚴病。对养有犬的兔场的兔群要检查是否感染囊尾蚴，感染兔群用吡喹酮治疗，效果可靠。

7.预防毛癣病　引种时必须从健康兔群中选购，引种后必须隔离观察至第一胎仔兔断奶时，如果出生的仔兔无该病发生，才可以混入原兔群。严禁商贩进入兔舍。一旦发现兔群中有眼圈、嘴圈、耳根或身体任何部位脱毛，脱毛部位有白色或灰白色痂皮，及时隔离，最好淘汰，并对其所在笼位及周围环境用2%火碱或火焰进行彻底消毒。该病可用灰黄霉素治疗，虽有效果，但复发率高。

8.预防中毒病　目前危害我国规模养兔业生产的主要问题是饲料霉变中毒问题。其中草粉霉变位居首位。因此对使用的草粉要进行全面、细致的检查，一旦发现有结块、发黑、发绿、有霉味、含土量大、有塑料薄膜等，应坚决弃之不用。外观不能确定时，应进行实验室霉菌检测。

9.预防呼吸道疾病　呼吸道疾病是规模兔群常见多发病，主要由巴氏杆菌、波氏杆菌、葡萄球菌、绿脓杆菌、克雷伯氏菌等单个或混合感染。预防应采取综合措施：①保持兔舍通风、干燥，温度相对稳定；②注射兔巴氏杆菌波氏杆菌二联苗，每年2～3次；③饲料中添加预防兔呼吸道疾病的添加剂或药物。有条件者对兔群中有鼻炎、打喷嚏、呼吸困难、斜颈、结膜炎的兔进行彻底淘汰，净化兔群。

10.预防消化道疾病

①饲料配方要合理，粗纤维要有一定的水平，粗饲料粒度不宜过大，饲料原料的质量要可靠。

②饲喂要遵循"定时、定量、定质"的原则。饲料配方、原料改变要逐步进行，应有10～14天的过渡期。这一点对仔兔、幼兔尤为重要。

③兔舍温度要保持相对稳定。春秋季节要注意当地的天气预报，一旦有突然降温预告，要及时采取保温措施，保障兔舍温度相对恒定。

④减少其他应激。如断奶方法不当、调换笼位、转群、饲养人员的改变、频繁给兔注射不必要的药物或预防针等。断奶时采取原笼饲养，可减少断奶兔因应激而患病。

11. 预防大肠杆菌病　大肠杆菌病是目前危害我国养兔生产的头号疾病，除用庆大霉素等药物预防外，注射兔大肠杆菌多价灭活菌苗也有一定的效果。程序是：20～25日龄仔兔每只注射1毫升，幼兔断乳后1周皮下注射2毫升，以后每隔6个月免疫1次。生产中最有效的办法是用本场分离到的菌株制成的疫苗进行注射，预防效果确切。兔群若发生大肠杆菌病时，控制的原则是：①隔离治疗，对同窝的其他兔只进行及时预防；②控制饲料喂量；③饲料中添喂促消化药，如酵母片、多酶片；④补液，饮水中添加人工补液盐或腹腔注射葡萄糖和抗生素；⑤使用抗生素，最好进行药敏试验，选择高敏药物（图5-51）。⑥保持兔舍温度，兔舍寒冷对治疗该病不利。治愈好的兔只遇到较低的舍温，又可再次发病。对于刚治愈的兔只，要慢慢增加饲喂量，切不可急于加大饲喂量，否则会再次发病，这样一般后果不佳，多以死亡而结束。

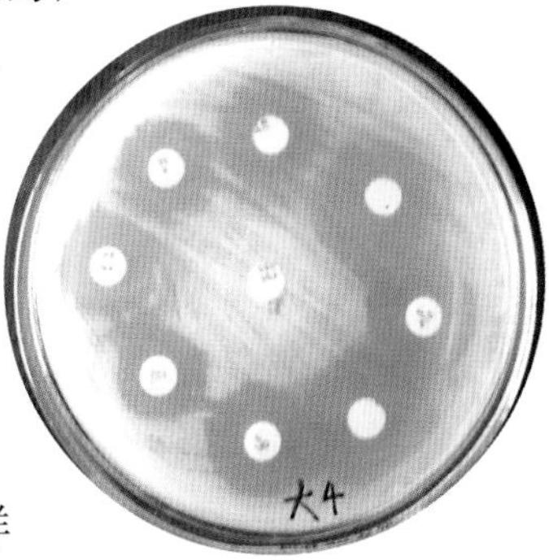

图5-51　药敏试验
（薛俊龙　摄）

（二）发生急性传染病采取的应急措施

1. 兔瘟　兔群一旦发生该病，在没有高免血清的情况下，立即对未表现症状的兔只进行紧急免疫接种，方法是一兔一针头、剂量加倍。注射后还有死亡率升高的可能。病死兔应焚烧或深埋。

2. 魏氏梭菌病　兔只拉稀后不超过48小时迅速死亡，剖检发现胃黏膜溃疡、大肠浆膜有大面积横行出血斑纹，抗生素治疗效果不明显。有以上症状可初步确定为魏氏梭菌病。在没有高免血清的情况下，立即对未表现症状的兔进行魏氏梭菌菌苗紧急接种，一兔一针头、剂量加倍，可在3天内控制该病。同时加大饲料中粗纤维的比例。

3.霉菌饲料中毒　发现兔中毒时，立即停喂发霉饲料，让兔饥饿一天，然后更换饲料，供给充足的饮水。使用电解多维或维生素C有缓解症状的作用。久治无效者予以淘汰。

4.腹胀病　根据病情对受威胁兔只注射魏氏梭菌、大肠杆菌等疫苗。检查饲料质量，饲料中可添加复方新诺明和助消化药物，减少饲喂量。也可用溶菌酶＋百肥素，按每吨饲料添加200克，口服治疗，一般5～7天可有效控制该病。对疗效差的兔及时淘汰处理。

三、防疫

（一）养兔场（户）消毒方法及药品选择

1.物理消毒法

（1）**阳光消毒**　将食具、产仔箱用水冲洗干净，然后放在阳光下曝晒2～3小时。

（2）**蒸煮消毒**　将食具、器械放入水中煮沸1～2小时，金属器械煮沸时加1%～2%苏打防锈。

（3）**焚烧消毒**　对患烈性传染病而死亡的死兔、粪便、垫草、剩料等都要烧掉，墙面、地面、笼位等用火焰消毒。

2.化学消毒法

（1）**煤酚皂溶液**　即来苏儿。用1%～2%的来苏儿液清洗手臂，3%～5%水溶液用于地面、用具、器械消毒。

（2）**烧碱**　又称氢氧化钠或苛性钠。用1%～3%的水溶液，喷洒、洗刷笼舍、地面、用具或浸泡消毒。如能在溶液中加5%～10%食盐，可提高消毒效果。此消毒液腐蚀力强，消毒后5～6小时须用清水冲洗后，才能进兔。

（3）**草木灰**　20%～30%水溶液，过滤后趁热使用，用于笼舍、地面消毒。效果与烧碱相当，注意冲洗。

（4）**石灰乳**　10%～20%石灰乳，用作笼舍、地面、墙壁、栅栏喷洒和涂刷消毒，要现用现配。

（5）**漂白粉**　常用1%～2%水溶液喷洒消毒，5%饮水消毒，10%～20%用于笼舍、地面、用具消毒。

（6）**过氧乙酸** 即过醋酸。用0.5%溶液喷洒地面、用具消毒；5%溶液用于仓库、房舍喷雾消毒，每立方米2.5毫升，现用现配。

（7）**福尔马林** 用2%～4%水溶液作地面、用具消毒；仓库、房舍按每立方米30毫升加清水2倍作密闭熏蒸消毒。

（8）**新洁尔灭** 常用0.1%水溶液浸泡器械、用具，使用时要避免与肥皂或碱性物质接触。

（9）**农家福** 常规用加水300倍，特定用加水100倍，对笼具浸泡洗刷，也可喷雾消毒，注意不能与碱性物质混用。

（10）**百毒杀** 用于笼具、环境、饮水消毒，喷雾、冲洗都行，可带兔消毒。

（11）**环氧乙烷** 主要用于皮毛物品消毒，须有特定条件，农户不宜使用。

（12）**碘酊** 2%～5%用于术前皮肤消毒和进行脓创治疗。

（13）**乙醇** 也就是酒精。70%～75%用于皮肤和器械的消毒。

3.**生物消毒法** 将兔粪、垫草以及吃剩的饲料放在池中或堆积发酵，表层用10厘米厚的土盖好，经1～3个月，即可达到消毒目的。

（二）家兔的常用药品

1.**青霉素** 按每千克体重2万～4万国际单位肌内注射，每天2～3次。主要用于葡萄球菌病、布氏杆菌病、传染性肺炎、乳房炎、子宫炎及兔螺旋体病等。

2.**氨苄青霉素钠（安比西林）** 按每千克体重2～5毫克肌内注射，每天3次。主要用于巴氏杆菌病、伪结核病、野兔热、黏液性肠炎等。

3.**链霉素** 按每千克体重20毫克肌内注射，每天2次。用于呼吸道、泌尿道、消化道感染。

4.**土霉素** 按每千克体重40毫克，每天分2次肌内注射，连用3天；口服，每只兔100～200毫克，分2次内服，连用3天。用于巴氏杆菌病、大肠杆菌病、沙门氏菌病等。

5.**磺胺类药物** 包括磺胺噻唑、磺胺嘧啶、磺胺二甲嘧啶、磺胺脒等。主要用于家兔巴氏杆菌病、呼吸道感染、葡萄球菌病、兔副伤寒、急性胃肠炎、球虫病等。用药方法是首次量按每千克体重0.2～0.3克，维持量减半，每天1～2次拌料饲喂。

6.**抗菌增效剂** 抗菌增效剂是一类新型广谱抗菌药物，与磺胺类药物并用能显著增加疗效。其中有甲氧苄氨嘧啶、复方新诺明、复方嘧啶、增效磺胺嘧啶、二甲氧苄氨嘧啶等。用药方法是每千克体重10毫克，每天2次拌料喂给。此类药物主要用于家兔胃肠道细菌感染、球虫病。

（三）家兔的给药方法

家兔的给药方法可分为注射法、口服法和灌肠法。

1. 注射法　根据部位不同又可分为静脉注射、肌内注射和皮下注射。

（1）**静脉注射**　选择耳朵外缘静脉，由一助手固定家兔，注射部位剪毛消毒；用指弹击耳静脉，使其怒张明显，然后以左手食指、中指夹住耳静脉，使血管鼓起，拇指和其他两指固定耳尖部，右手持注射器，使针孔斜面向上与血管呈30°角，准确地刺入；此时若见回血，即放开中指、食指，注入药液。若不见回血或注药时皮下鼓起，说明未刺准血管，需重新刺入。注射完毕，拔出针头，用酒精棉压迫片刻，防止针孔出血。静脉注射时，推药速度要慢，不能外漏。注射前将药液中气泡排净，药液中不能含有杂质。

（2）**肌内注射**　选择肌肉丰满的臀部、大腿部。先剪毛消毒，用左手固定注射部位皮肤，右手持注射器迅速将针头刺入肌肉，刺入后要稍微回抽，无回血时再注入药液。注射完毕用酒精棉按压片刻。注射时要注意避开血管和神经。

（3）**皮下注射**　选择皮肤松弛、容易移动的皮下部位进行注射，如耳根后部、颈部、股内侧和腹部两侧。注射部位剪毛消毒，左手拇指、食指和中指提起皮肤呈三角形，右手持注射器沿三角形基部刺入并注入药液，拔出针头后，用酒精棉按压片刻。

2. 口服法　又可分为拌料法和灌服法。

（1）**拌料法**　对于有食欲的家兔，在药量少而又没有特殊气味的情况下，把药物研成末拌入少量饲料中，让兔自由采食。

（2）**灌服法**　没有食欲的家兔或药物气味较大时可采用此法。用汤匙、注射器或塑料眼药瓶等灌服，左手保定兔嘴，右手灌服，量要少，不要太快，让家兔慢慢吞咽（图5-52）。

图5-52　口服药物

（黄淑芳　摄）

3.灌肠法　家兔发生便秘时，采用此法。方法是将病兔侧卧保定，用一根细橡皮管（如人用导尿管），一头涂上凡士林或油脂，慢慢插入直肠内，然后再用注射器吸取药液（不带针头），接在橡皮管另一头将药液注入，药液温度最好接近体温。

（四）家兔疫苗的使用及保存

（1）注射疫苗时部位要准、剂量要足，严格按照说明书使用。

（2）疫苗使用前必须充分摇匀，禁止使用过期、破损、泄漏疫苗。

（3）注射疫苗时选择9号针头，注射部位要消毒。

（4）疫区做紧急预防注射时，首先注射未感染兔，要求逐只换针头。

（5）注射疫苗前须将针头用酒精棉盖上，排出针管内药液中气泡，再行注射，不要随意将疫苗漏到外面。

（6）疫苗开封后，应在24小时内用完，过期、剩余的不得再用。

（7）做几种疫苗的预防注射时，每次只能注射一种，需注射两种疫苗时要间隔7天以上。

（8）疫苗对怀孕母兔一般不会产生不良影响，但注射时要轻抓轻放，以免受惊造成流产。

（9）疫苗主要用于预防，一般注射后1周左右产生免疫力。对已感染病原但未见临床症状的兔，在注射疫苗后反而会加速死亡，在疫区做紧急预防注射时应注意这一点。

（10）注意疫苗保存期间不能阳光直晒、不能火烤或冰冻，要保存在阴凉避光处。一般4～8℃环境下可保存6个月。

（五）种兔场的卫生防疫工作

（1）场（舍）门前设消毒池和消毒室（紫外线灯），人员出入须消毒。

（2）坚持自繁自养。需引进种兔时，要进行检疫、隔离饲养，证明健康无病才能移至场内饲养。

（3）禁止其他动物进入兔舍，消灭老鼠，注意定期给犬驱虫。

（4）每天清扫笼舍，每周清洗并消毒食具，笼舍、用具、环境等每月消毒一次，粪便及吃剩的饲料要集中发酵处理。

（5）加强饲料质量检验，保证饲料卫生，确保家兔安全。

（6）发现可疑病兔要隔离观察，有价值的进行治疗。对病（死）兔要由专人进行剖检，病尸深埋或烧毁处理。

（7）如果发生疫情，要及时报告当地有关部门，封锁疫区，对健康兔进行预防注射，对病死兔应扑杀深埋或烧毁。在最后一只病兔治好或处理后，经2～4周不再发现病兔，经全面消毒后，可解除封锁。对治愈兔隔离一段时间，以防带菌传播。

任克良. 2002. 现代獭兔养殖大全. 太原：山西科学技术出版社.

任克良，陈怀涛. 2008. 兔病诊疗原色图谱. 北京：中国农业出版社.

任克良. 2002. 家兔配合饲料生产技术. 北京：金盾出版社.

任克良. 2007. 图说高效养兔关键技术. 北京：金盾出版社.

任克良，秦应和. 2010. 轻轻松松学养兔. 北京：中国农业出版社

图书在版编目（CIP）数据

图说如何安全高效饲养家兔/高晋生主编．—北京：
中国农业出版社，2015.1（2019.3重印）
（高效饲养新技术彩色图说系列）
ISBN 978-7-109-19920-0

Ⅰ．①图　　Ⅱ．①高　　Ⅲ．①兔－饲养管理－图解
Ⅳ．①S829.1-64

中国版本图书馆CIP数据核字（2014）第294890号

中国农业出版社出版
（北京市朝阳区麦子店街18号楼）
（邮政编码 100125）
责任编辑　郭永立
————————
中国农业出版社印刷厂印刷　　新华书店北京发行所发行
2015年6月第1版　　2019年3月北京第2次印刷
————————
开本：889mm×1194mm　1/32　印张：4.125
字数：120千字
定价：34.00元
（凡本版图书出现印刷、装订错误，请向出版社发行部调换）